Tanmay Teaches Julia for Beginners
A Springboard to Machine Learning for All Ages

# 极简
# Julia 语言
## 机器学习跃迁之路

（加）坦梅·巴克西（Tanmay Bakshi）◎著

李 媚◎译

清华大学出版社
北京

北京市版权局著作权合同登记号　图字：01-2021-6538

Tanmay Bakshi

**Tanmay Teaches Julia for Beginners：A Springboard to Machine Learning for All Ages，First Edition**

ISBN：978-1-260-45663-9

Copyright © 2019 by McGraw-Hill Education.

All Rights reserved. No part of this publication may be reproduced or transmitted in any form or by any means，electronic or mechanical，including without limitation photocopying，recording，taping，or any database，information or retrieval system，without the prior written permission of the publisher.

This authorized Chinese translation edition is jointly published by McGraw-Hill Education and Tsinghua University Press Limited. This edition is authorized for sale in the People's Republic of China only，excluding Hong Kong，Macao SAR and Taiwan.

Copyright © 2020 by McGraw-Hill Education and Tsinghua University Press Limited.

**图书在版编目（CIP）数据**

极简Julia语言：机器学习跃迁之路/（加）坦梅·巴克西（Tanmay Bakshi）著；李媚译.—北京：清华大学出版社，2022.3

书名原文：Tanmay Teaches Julia for Beginners：A Springboard to Machine Learning for All Ages

ISBN 978-7-302-59615-8

Ⅰ.①极…　Ⅱ.①坦…②李…　Ⅲ.①程序语言－程序设计　Ⅳ.①TP312

中国版本图书馆CIP数据核字(2021)第242346号

责任编辑：郭　赛
封面设计：杨玉兰
责任校对：焦丽丽
责任印制：杨　艳

出版发行：清华大学出版社
　　　　　网　　　址：http://www.tup.com.cn，http://www.wqbook.com
　　　　　地　　　址：北京清华大学学研大厦A座　　　　邮　　编：100084
　　　　　社　总　机：010-83470000　　　　　　　　　　邮　　购：010-83470235
　　　　　投稿与读者服务：010-62776969，c-service@tup.tsinghua.edu.cn
　　　　　质量反馈：010-62772015，zhiliang@tup.tsinghua.edu.cn
　　　　　课件下载：http://www.tup.com.cn，010-83470236
印　装　者：北京同文印刷有限责任公司
经　　　销：全国新华书店
开　　　本：185mm×230mm　　　印　　张：11.25　　　字　　数：142千字
版　　　次：2022年4月第1版　　　印　　次：2022年4月第1次印刷
定　　　价：59.00元

产品编号：090612-01

我将此书献给数以百万的编程初学者，以及那些向我提出过编程问题的人们。我希望此书可以对你的学习之旅有所帮助，并且可以作为一个跳板，帮助你在教育、卫生保健、安全、农业等更多的社会领域创建出机器学习系统以及解决方案。

# 序

编程给了我一种全新的看待世界的思维方式。作为一名学生,我发现数学和科学概念对编程是非常有帮助的,它帮助我提高了理解能力并培养了我对周围世界的感知能力。从 BASIC 开始,我最终学会了 C 语言,它为我带来了许多新的可能。通过使用 Python 和 MATLAB,我学会了更高级别的技能,但为了获得更高的性能,必须用 C 语言编写部分代码。

Julia 解决了这个"双语言"问题,这也正是坦梅·巴克西写这本书的原因。初学者现在可以只用一种编程语言开始编程之旅,这种语言在很长一段时间内都能很好地服务于编程者,即使当编程者的想法越来越复杂时也不用处理"双语言"问题。我们需要解决气候变化、卫生保健、节能、可再生能源等诸多难题,机器学习将是解决这些问题的基础。

本书将通过讲解变量、条件、数组、字典、函数、输入/输出、错误管理和包生态系统等概念逐步构建应用程序。第 9 章将通过使用所有这些概念使读者理解机器学习算法,并将全书内容紧密联系在一起。

如果你是一名家长,你可以把这本书送给你的孩子;如果你是一名教育工作者,你可以在课堂上使用这本书;如果你是一名管理人员,你可以把这本书纳入学校的课程系统。这本书不仅仅是教读者如何使用 Julia 语言编程，它也在培养下一代，以解决我们面临的最棘手的问题。

Viral B.Shah

Julia 语言创始人之一

# 前　言

　　本书的问世是我努力实现的梦想之一,这本书的特别之处在于它不只是一本教授 Julia 语言编程知识的教科书。Julia 语言的特点在于它可以解决如何处理大量非结构化数据的问题;目前很少有编程语言能够解决这个问题。

　　如今,仅仅学习如何编写代码是不够的。你需要为未来做好准备,在未来,人们要高效地利用大量的非结构化数据,这就需要大量的计算、数学甚至科学等特定领域的知识。

　　科技的未来是"伪智能"的。然而,绝大多数的编程语言的设计目标从根本上就不符合人工智能和机器学习领域的特点。但 Julia 语言是不同的,尽管其内部使用的一些技术并不是全新的,但它是第一个将所有特性以高性能、优雅和简单的方式结合在一起的编程语言。可以说,Julia 语言是专门为未来计算而设计的。

　　希望所有编程语言初学者和机器学习爱好者都能在这本书的帮助下更轻松地使用机器学习技术进行编程开发。

坦梅·巴克西

# 目　录

# 第 1 章

## 概述及准备 Julia 环境

**欢**迎来到"Julia 编程语言"的世界！在这本书中,你将开始学习一
种新的编程语言——Julia,并在最终能够编写简单的机器学习应
用程序。

在本章中,你将学习:

- 什么是编程;计算机和编程如何影响我们的生活;
- 学习 Julia 背后的基本原理;
- 这本书的目标是什么;
- 准备使用 Julia 开始编程。

Julia 是一种特殊的编程语言，由麻省理工学院（Massachusetts Institute of Technology，MIT）的研究人员开发，它的设计是基于未来计算考虑的，如高性能计算、并行计算和机器学习。

## 1.1    编程及其影响

首先，我来回答一个基本问题：什么是编程，为什么要学习编程？

编程是指为计算机提供逐步执行的指令，以达到预期结果的过程。

当前，人类的生活几乎依赖于编程，如果没有编程为人们日常生活中所做的一切提供基本动力，计算机根本就无法工作。如果你正在查看天气，在计算机上写文章，在手机上玩游戏，在电视上看电影，或者在开车，那么你就是在用计算机执行人类编写的程序。

然而，这本书中的知识并不是终结。如今，编程不仅是告诉计算机该做什么，而且还有了新的编程方法，比如机器学习。机器学习旨在使计算机能够自主学习。你可能听说过名为人工智能（artificial intelligence，AI）的技术。例如，当你对 Siri 说话时，你的手机正在使用机器学习技术理解人类说话的模式，从而知道你在说什么。

## 1.2    为什么要学习 Julia 语言

要想理解为什么 Julia 是一种如此特殊的编程语言，就必须先理解编程语言是如何工作的，而要理解这一点，我们首先需要理解计算机是如何工作的。从一开始，计算机就是为了理解数学和数字而设计的。自从计算机问世以来，它已经被这样使用了数十年，它无法理解人类交流时使用的自然语言。例如，当你和你的朋友说话时，或者当你给某人发信息时,你就在使用自然语言。而人类很容易理解这种语言,毕竟是人类发明了它。

> "计算机的能力不是使用自然语言,而是数学。人类更善于与人类交谈。"
>
> ——坦梅·巴克西,2016 年 IBM InterConnect 大会

然而,计算机实际上是非常复杂的机器,庞大的计算部件具有更复杂的操作,我们必须把人类的指令"翻译"成计算机能够理解的特定数字组合。事实上,我们不仅需要把指令转换成数字,而且必须把指令从人类使用的十进制表示(因为我们有十根手指)转换为二进制表示(因为计算机只有两种表示形式,1 代表"开"状态,0 代表"关"状态)。

如果留意,你会开始意识到这就是人类可以无限计数的方式,只用 10 个数字:0、1、2、3、4、5、6、7、8、9。接下来,对于下一个要表示的数,我们没有其他数字,所以我们用 1 和 0,也就是 10 表示数列中的下一个数。我们继续表示 11、12、13、…、17、18、19,但是对于第 20 个数字,我们使用 2 和 0,也就是 20。因为计算机使用电子设备,所以要想让它们存储 10 个状态(数字)并不容易。相反,最简单的情况是只有一个 1 和一个 0,在电气术语中,这是一个开或关(闭合或打开)的电路,称为二进制系统,计算机就使用这种只有两位数的二进制系统做所有的计算!

为了直观地理解这两个计数系统之间的不同,让我们观察一下计算机与人类相比是如何计数的(见表 1.1)。

该表显示了计算机是如何只使用 0 和 1 表示每一个事物的,就像世界上所有语言的字母表。如歌曲和演讲中的声音,以及构成图像的像素;甚至我们编写的 App 也是以二进制文件的形式存储的。然而,使用原始二进制代码编写程序是非常困难、不便和不切实际的。

这就是编程语言出现的原因,我们不需要理解计算机中的二进制语言,因为我们发明了获取特殊代码的编译器,在编写程序后,编译器会将代码编译成计算机中的处理单元(processing units,PU)可以理解的二进制指令。这些编程语言的特殊之处在于,至少在上层,它们的语法受到了英语的启发,并且使用非常类似于英语的词汇表。

表 1.1　人类和计算机计数的方式

| 计 数 对 象 | 人类计数方式 | 计算机计数方式 |
|---|---|---|
| Zero | 0 | 00000000 |
| One | 1 | 00000001 |
| Two | 2 | 00000010 |
| Three | 3 | 00000011 |
| Four | 4 | 00000100 |
| Five | 5 | 00000101 |
| Six | 6 | 00000110 |
| Seven | 7 | 00000111 |
| Eight | 8 | 00001000 |
| Nine | 9 | 00001001 |
| Ten | 10 | 00001010 |
| Eleven | 11 | 00001011 |
| ⋮ | ⋮ | ⋮ |
| Eighteen | 18 | 00010010 |
| Nineteen | 19 | 00010011 |
| Twenty | 20 | 00010100 |
| Twenty-one | 21 | 00010101 |

既有不同类型的编程语言,如编译型语言和解释型语言,也有不同的子类型,比如预先(ahead-of-time,AOT)编译器、即时(just-in-time,JIT)编译器等。你不需要理解它们是什么意思,因为我们不会在本书中

详细讨论它们。你所需要知道的就是有不同类型的语言,每种语言都有自己的优点和缺点。

现在,是时候了解究竟是什么让 Julia 如此特别的了!

## 1.3　Julia 背后的原理

为了迎合新的技术,比如机器学习,你需要学习机器学习社区已经开始使用的语言。Julia 是其中一种完美的语言,事实上,它是当前发展最快的编程语言之一,并且相较其他语言,如 Python 脚本语言(机器学习社区喜欢的一种语言),Julia 具有很多优势。

(1) 性能。很长时间以来,性能一直是 Python 等语言的弱点。对于像机器学习这种需要极高性能的应用程序,Julia 会更合适一些。事实上,Julia 代码的运行速度可以和 C 代码一样快,有时甚至比 C 代码更快! 像 Python 这样的语言,其性能表现不佳是有原因的: 这些语言的构建是为了满足当时的时代和程序员的目标定位需求。在过去 5 年左右的时间里,我们看到了科学计算领域的指数级增长。尽管 Python 和 C 等语言在这个方向上有所帮助,但它们却不是实现新技术的最佳选择。与此相反,Julia 已经被开发用于创建以性能为主要因素的机器学习应用程序。

(2) **JIT** 编译。使用 Julia,你的程序可以被即时编译。这意味着,如果某些操作的运行速度比你实现它们的速度更快,那么 Julia 便会对这些操作进行优化。

(3) 与 **Python**、**C** 和 **FORTRAN** 的互操作。如果你已经编写了 Python、C 或 FORTRAN 代码,不想在 Julia 中重写,没有问题! 你可以在 Julia 中调用这些代码,并且不用担心有任何麻烦。

(4) 开源和跨平台。如果你有一台 Darwin(mac OS)、Windows 或

UNIX 派生的（Linux、BSD 等）计算机，你就可以使用 Julia！此外，如果你不喜欢 Julia 的某些功能，想要帮它变得更好，你还可以向 Julia 提出你的建议和想法，甚至给 Julia 直接编写代码，使它更符合个人习惯。

还有更多的原因使 Julia 非常适合社区。

Julia 项目于 2009 年由四位创立者共同启动：Stefan Karpinski、Viral Shah、Alan Edelman 和 Jeff Bezanson。他们启动 Julia 的主要目标是通过创建一种兼具动态与性能的语言解决双语言问题（two-language problem）。例如，在过去，大部分程序员都会使用一种简单、动态的编程语言构建应用程序原型，如 Python，然后将其移植到 C 或其他高性能的低级语言中，使其足够健壮、足够快。这是一个巨大的问题，因为这需要程序员去学习更多的语言，投入更多的时间，并且会引入更多不期望的错误，这就是双语言问题。

双语言问题还有另一方面——也就是说，大多数应用程序需要高性能，既需要使用 Python 这样的高级语言编写，也必须使用 C 这样的低级语言。这是因为简单的代码可以用 Python 编写，而计算密集的代码则必须用 C 语言编写，这就导致了另一个问题：两种语言之间的桥梁是一个瓶颈。你必须拥有一个团队，要么完全熟练地掌握使用两种语言，要么将 Python 端和 C 端分开。这两种解决方案的缺点都大于其优点，但这是唯一的解决方法，所以没有人会抱怨它。

随着 Julia 的到来，其通过强大的编译器能够做一些其他语言只能梦想的事情。例如，当国家能源研究科学计算中心（National Energy Research Scientific Computing Center，NERSC）需要绘制可观测宇宙中的每一个大目标时，就采用了 Julia 编程语言。事实上，Julia 已成为世界上第一个实现超大规模性能的高级动态编程语言。

这是什么意思？这意味着 Julia 同时在超过 65 万台计算机上运行，处理超过 60TB 的数据，相当于超过 16.3 万个高端的、2017 年版的

MacBook 专业产品。通常,只有 C 语言,甚至直接的机器代码才能处理这种负载。

Julia 不仅处理了这个负载,而且处理起来也很方便。使用 Julia 编程是很愉快的,尤其是与 C 这样的语言相比,其简单级数呈指数级,Julia 像 Python 一样行走,像 C 一样奔跑。

使用 Julia 的另一个领域是数学和科学计算,这就是 Julia 建立的原因。你可以编写类似数学论文中的代码。假如你要编写以下表达式:

$$5x \sqrt{(3y)}$$

在许多语言中,你需要按以下方式编写:

```
5 * x * sqrt(3 * y)
```

你必须手动在 5 和 x 之间添加乘法运算符,并且必须将平方根符号替换为 sqrt。

但是在 Julia 中,你可以直接写出这个表达式。没错,你可以直接输入:

$$5x \sqrt{(3y)}$$

即使使用了平方根符号,Julia 也能够理解! 你还可以使用复杂的函数组合运算符等。

虽然也有其他语言支持这种功能,比如 MATLAB。MATLAB 有一个明显的缺点:它不是免费的! 你必须为 MATLAB 许可证付费。然而,Julia 不仅具有 MATLAB 的所有功能,而且还提供了更多其他的功能,同时保持开源。事实上,纽约联邦储备银行(Federal Reserve Bank of New York)已经将他们的美国经济建模代码从 MATLAB 移植到了 Julia,这一举措使该银行的效率提高了 10 倍!

## 1.4　本书目标

在进入机器学习应用程序开发的高级世界之前，你必须从头开始。具体来说，你必须从如何在 Julia 中进行编程开始学习。让我们开始吧！

在本书中，你将学习 Julia 编程的所有基础知识，并达到可以创建高级 Julia 应用程序的水平。你将通过示例进行学习，通过编写代码理解它们背后的编程概念。在了解了 Julia 的基本知识之后，本书将构建一些示例，以帮助你理解机器学习以及如何使用 Julia 创建机器学习应用程序。

## 1.5　准备使用 Julia

正如前面提到的，Julia 是一种跨平台的编程语言。这意味着，对于大多数类型的计算机，你都可以用 Julia 编程。除了一些接口更改外，一切都将保持不变。

如果想知道如何为你的环境安装 Julia 编程语言，你可以按照 Julia 官方主页（https://julialang.org/）上的指南进行操作。

一旦设置好 Julia 环境，你就要知道如何执行你所创建的程序。所以，让我们先创建一个简单的程序，并展示如何在三个最主流的平台（Windows、macOS 和 Linux）上运行它。

这个程序不会做任何特别的事情，它只是一个能在屏幕上打印出"Hello, World!"的简单程序，这是一个经典的介绍编程的示例。为了编写程序，你需要通过一个应用程序编辑程序文件，这里是你要编写所有代码的地方。一些常见的选择有 Sublime Text、Atom 和 Visual Studio

Code。在这里，我将向你展示如何使用 Atom 编写代码，然后使用适用于特定操作系统的 Julia 编译器运行代码。

你可以从 https://atom.io/ 上下载并安装 Atom。安装 Atom 之后，先创建一个新文件夹，并使用 Atom 创建一个新文件，命名此文件为 HelloWorld.jl。jl 是 Julia 代码使用的文件扩展名。在此文件中，你只需要编写一行代码，如下所示：

**Example program: HelloWorld.jl**
```
println("Hello, World!")
```

这就是你所要做的全部事情！你已经用 Julia 语言创建了第一个程序。然而，它到底是如何工作的呢？

在刚刚创建的程序中，你只告诉 Julia 做一件事：调用一个名为 println 的函数，它可以在屏幕上打印你在引号中提供给它的文本。函数是代码的构建块，你将在本书的后面了解更多关于函数的内容。然而，你所要知道的是函数需要一些输入，可以对输入进行操作并提供输出。

在本例中，我们提供了一些文本作为函数的输入，然后函数将我们的文本打印到屏幕上。请注意：我们的文本是用双引号括起来的。

现在，你可以继续运行你的程序了。如果你正在使用 Windows 系统，那么请打开命令提示符。如果你正在使用 Linux 或 mac OS 系统，那么请继续打开你的终端。

> **备注**：从现在开始，我将使用 UNIX 术语——终端，而不是命令提示符。但如果你正在使用 Windows 系统，那么请记住：除非另有指定，否则在终端中输入的命令与在命令提示符中输入的命令相同。

打开"终端"窗口后，将目录更改为编写代码的目录。例如，假设你的用户名是 tanmaybakshi，并将文件存储在 Desktop 下一个名为 JuliaBook 的文件夹中。在这种情况下，你的命令如下：

**POSIX-Standard (Linux, macOS)**
```
cd ~/Desktop/JuliaBook/
```
**Windows**
```
cd C:\Users\tanmaybakshi\Desktop\JuliaBook
```

一旦进入编写代码的目录后，便可以继续使用以下命令运行代码：

```
julia helloworld.jl
```

就像这样，你会看到你的第一个程序 HelloWorld.jl 的输出为

```
Hello, World!
```

你已成功地使用 Julia 创建并运行了第一个程序！还有另一种和 Julia 交互的方式，而且十分强大，它被称为 REPL（发音为 ree-ple），表示 "读—评估—打印循环"。事实上，这就像是与 Julia 交互的界面，它提示你可以输入一些代码，你可以输入它，并按 Enter 键查看结果。这对原型设计、开发和测试代码非常有帮助。要想运行 REPL，只需要在 "终端" 窗口中运行以下命令：

```
julia
```

然后，你会看到以下提示符：

```
julia>
```

在这里，输入你刚才学习的命令 println（"Hello，World!"）。提示符应该是这样的：

```
julia> println("Hello, World!")
```

现在继续按 Enter 键，你将会看到下面的信息：

```
Hello, World!
```

然后返回到此提示符：

```
julia>
```

你可以继续与 REPL 交互，完成后，按 Ctrl＋D 组合键退出。

现在，我们已经准备好了，马上可以开始使用一些真正的编程逻辑了！

## 强化练习

1. 使用 Julia 编程的优势是什么？

2. 什么是二进制计数系统？为什么计算机指令及其内部功能使用二进制？

3. 什么是计算机编程？为什么它很有用？

4. 1、2、4、8、16 的二进制代码是什么？在这些二进制数字中，你观察到了什么？

5. 什么是双语言问题？Julia 是如何解决双语言问题的？

6. 截至目前，你最喜欢 Julia 的哪三个特征？你认为是什么让任何人都想开始学习 Julia 的？

# 第 2 章

---

# 变量和输入

现在你已经了解了 Julia 编程，以及为什么它很重要，下面让我们开始了解一些更有趣的概念。

在本章中，你将学习：

- 什么是变量；
- 使用 Julia 中的简单变量存储信息；
- 获取、存储和使用用户的输入；
- 操作符和语法；
- 变量类型；
- 变量之间的转换。

## 2.1　什么是变量

正如这个词的定义所示,变量是可以发生变化的量。在编程的上下文中,我们将一个变量定义为一些可以变化的值的表示。如果你在数学课上一直很专心,我相信你会认出这个词的。变量可以帮助你存储、引用和操作数据。例如,假设你有一个矩形,其 base 为 5 个单位,height 为 3 个单位(见图 2.1)。

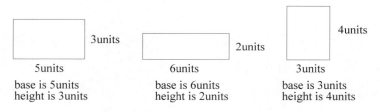

图 2.1　3 个不同尺寸矩形的 base 变量和 height 变量

从图中的矩形中可以看到,base 值从 5 变为 6 再变为 3,height 值从 3 变为 2 再变为 4。我们说,base 和 height 都是变量的名称。变量 base 存储值 5、6,并在其他时间存储值 3,变量 height 在图中的 3 个示例中存储值 3、2 和 4。在 Julia 中,你可以使用单个字母的变量名,例如用 h 表示矩形的高,b 表示矩形的底边。

矩形面积的公式为 base×height。如果我们用变量 a 表示矩形的面积,则根据变量的表示,我们会得到以下方程式:

$$a = b * h$$

备注:在编程中,单个星号表示乘法。

如果你仔细观察会发现,我们获取 h 的符号引用的值为 5,而 b 的符号引用的值为 3,并将它们相乘。然后我们得到了 5 和 3 相乘的结果,并将其存储在一个名为 a 的变量中。

通过这种方式,我们可以用很多方式操作原始数据。但你不要仅仅局限于数字,变量可以代表各种各样的数据,如文本、真值或假值、整数、小数等。

## 2.2　使用 Julia 中的简单变量存储信息

在开始使用变量之前,我们需要了解 Julia 中的变量命名规则。

(1) 变量名应以字母 A～Z 或 a～z 开头。例如:

| 变　量　名 | 用　　法 |
| --- | --- |
| h | h＝5 |
| base | base＝10 |
| MarksInTest1 | MarksInTest1＝94 |
| BestFriend | BestFriend＝"Sam" |

(2) 变量名可以以下画线开头。例如:

| 变　量　名 | 用　　法 |
| --- | --- |
| _myName | _myName = "Tanmay Bakshi" |
| _next1 | _next1 = 2300 |

(3) Julia 中的变量名可以包含特殊数学符号。例如:

| 变　量　名 | 用　　法 |
| --- | --- |
| $\mu$ | $\mu$＝1e-6 |
| $\pi$ | $\pi$＝3.1415 |
| Å | Å_value＝1e-10 |

　　但是，变量名中不能有空格或任何特殊字符，如＋、－、％、$ 、♯、@、^、&、～、、|、，等。此外，有些词在 Julia 中有特殊的含义，如 else、while、break 等，不能在程序中作为变量名使用，这些词被称为保留字（reserved words）。随着后续学习的推进，你将学习到更多关于这些词的内容，但你不能使用这些词作为变量名，因为 Julia 编译器会认为你使用这些词是为了达到预期的目的，然而你却试图将其作为变量名送给编译器，在这种情况下，编译器会提示一条错误消息。

　　下面展示一些错误变量名以及它们为何无效的例子，以帮助你更好地理解这些规则。

| 不正确的变量名 | 原　　因 | 修正后的变量名 |
| --- | --- | --- |
| Area Of Square | 变量名中不能包含空格 | AreaOfSquare |
| Friend'sName | 撇号是特殊字符，不能在变量名中使用 | FriendsName<br>or<br>NameOfFriend |
| break | break 是 Julia 的保留字 | breakTime |
| Final-Value | 减号是特殊字符，不能在变量名中使用 | FinalValue<br>or<br>Final_Value |

　　要想了解如何使用 Julia 中的变量，先让我们编写一个简单的示例。我们将创建一个小的程序，用来对两个整数求和，并在屏幕上显示结果。

　　打开一个名为 MathOperations.jl 的新文件，然后输入以下代码：

```
1    number1 = 15
2    number2 = 3
3    number3 = number1 + number2
4    println(number3)
```

> **备注**：在上面的程序中，每行开头的 1、2、3 和 4 都是行号，以便可以参考带有行号的代码并提供解释，特别是在大型程序中。在编写程序时，你不必输入行号。

现在确认你在同一目录中，并保存文件 MathOperations.jl。运行以下命令，观察其输出：

```
julia MathOperations.jl
```

我知道你在想什么："就是这样吗？"嗯，是的——这就是运行你的新程序后的全部内容，它显示了两个数求和的结果。以下是对程序的逐行描述。

```
number1 = 15
```

创建了一个名为 number1 的变量，并给它赋值为 15。从现在起，当在此文件的代码中使用 number1 时，你将引用值 15，number1 作为计算机内存中 15 这个值的表示。

```
number2 = 3
```

创建了一个名为 number2 的变量，并给它赋值为 3。从现在起，当在此文件的代码中使用 number2 时，你将引用值 3，number2 作为 3 这个值的表示。

```
number3 = number1 + number2
```

创建了一个名为 number3 的新变量，并为其赋值存储在 number1 和 number2 中的值的和（即 18，分别存储在变量 number1 和 number2 中的 15 和 3 的加法运算结果）。

就像这样，你已经用 Julia 语言对存储在变量中的两个数进行了加

法运算。但这并非全部,我建议你再添加几行代码以进行实验并观察代码和结果,例如:

```
5   quotient = number1 / number2
6   product = number1 * number2
7   difference = number1 - number2
8   println(quotient)
9   println(product)
10  println(difference)
```

如果你已经正确输入了上述代码并再次运行了该程序,将看到:

```
18
5
45
12
```

但是,如果你不想为所做的每个操作都创建一个新的变量该怎么办呢？当然没有问题,因为你可以在打印语句中直接表示这些操作的结果,例如:

```
println(number2 - number1)
```

就像这样,Julia 将计算 number2 - number1 的值,并将其传递给 println 函数以打印到屏幕上。下面是最终的程序。

```
1   number1 = 15
2   number2 = 3
3   println(number1 + number2)
4   println(number1 / number2)
5   println(number1 * number2)
6   println(number1 - number2)
7   println(number2 - number1)
```

你应该可以看到以下输出:

```
5
45
12
-12
```

你刚刚学会了用 Julia 对变量做一些简单的操作！现在，让我们看看利用截至目前所学的知识能做的事情。

## 2.3　获取、存储和使用用户的输入

当然，编程的关键之一就是获取用户输入。你能想象计算机没有接收输入的能力吗？你一直在这样做，甚至都没有意识到。例如：

（1）触摸手机的触摸屏；

（2）在文本编辑器中输入；

（3）在触控板上移动鼠标或手指；

（4）点击触摸条；

（5）对着设备上的麦克风讲话。

现在我们来看看如何使用 Julia 语言获取程序中的输入。为此，我们将构建一个名为 Greetings 的应用程序。当用户运行此程序时，将要求他输入姓名。一旦用户输入其姓名，程序将显示问候消息。例如，交互可能如下：

```
Enter your name: Tanmay Bakshi
Hello, Tanmay Bakshi!
```

在这两行中，以彩色书写的文本是由用户输入的。

若要启动，则创建一个名为 greetings.jl 的新文件，并输入以下代码：

```
print("Enter your name: ")
```

如果此时运行代码,那么只能看到提示 Enter your name:。但我相信你已经注意到了,到目前为止,我们一直在使用 println 函数,为什么刚刚使用了 print 函数? 这是因为 println 函数在字符串的末尾添加了一个新行,而 print 函数则没有。例如,如果你要写:

```
println("Hello ")
println("World")
```

这将是你的输出:

```
Hello
World
```

但是,如果你输入以下代码(使用 print 函数):

```
print("Hello ")
println("World")
```

你将看到以下输出:

```
Hello World
```

因此,为了让用户输入的文本与输入提示符在同一行,我们就要使用 print 函数,而不是 println 函数。

说到用户输入,为了让程序获取用户的输入,你还需要输入以下代码:

```
readline()
```

本质上,readline 是一个函数。一个函数是一段代码的基本"构建块",它可能获取一些输入并做一些操作,还可能会提供一些输出。readline 函数名称右侧的开括号和闭括号告诉 Julia 我们引用的是 readline 函数,它应该被调用或运行。你将在第 5 章学习更多有关函数的内容,包括它们如何工作以及如何创建自己的函数。

现在,如果你要运行你的程序,将会看到同样的 Enter your name: 提示,光标就在冒号旁边等待你的输入。但这次,该应用程序并未退出。这是为什么呢?因为 readline 函数正在等待用户的输入。因此,如果输入你的名字并按 Enter 键,你会看到应用程序什么也没做并退出,这是因为程序被指示做的所有的事情只是获取你的输入,它并没有被告知要针对这些输入做什么事情。

要想对用户提供的文本做一些有趣的事情,可以将其存储在一个变量中。所以,让我们将以下代码行:

```
readline()
```

修改为

```
user_name = readline()
```

然后添加一行,同时打印出用户名和问候语:

```
print("Hello, ")
println(user_name)
```

现在,如果运行该程序,你应该会看到请求输入姓名的提示。一旦你提供输入并按 Enter 键,程序就会在 Hello 后面输出你的名字。

我相信你在看到第一个 Julia 程序与你互动时一定很兴奋,但我们可以做得更好。具体来说,如果看看最后两行代码,我们就会意识到必须使用两个不同的函数调用:打印问候语和打印用户名。如果只是想使用一个函数调用代替,那该怎么办呢?

在这种情况下,我们需要组合问候语和用户名,然后将该组合的值传递给 println 函数。在编程过程中,组合两段文本(逐个放置文本值)被称为连接(concatenation)。要想连接两个文本值,需要使用连接运算符。

## 2.4　运算符和语法

要想理解连接运算符的工作原理，可以看看本章开头的一个示例：

```
number1 = 15
number2 = 3
number3 = number1 + number2
println(number3)
```

number3 是 如 何 计 算 的 呢？ 在 number1 中 有 一 个 数 值，在 number2 中也有一个数值。作为程序员，你的目标是将这两个值相加，因此可以使用加法运算符，即加号（＋）。

让我们更深入地了解一下下面这个特定的代码片段：

```
number1 + number2
```

事实上，Julia 从加符号或加法运算符的角度来看（假设它除了可以将两个数值相加之外没有任何其他功能）是这样的：

```
[numeric value (left-hand side)] + [numeric value (right-hand side)] =
[numeric value (sum)]
```

现在，让我们将这些新知识应用到最初的目标中——连接两个字符串。

就像使用加号将数字相加一样，星号（＊）则用于连接两段文本。这也意味着，到目前为止，你已经学会了星号的两种用法：

① 数字乘法运算符；

② 文本连接运算符。

这意味着，如果你要编写以下代码：

```
println(15 * 2)
```

```
println("Hello " * "world!")
```

你将得到以下输出：

```
30
Hello world!
```

如果你观察以下代码：

```
"Hello " * "world!"
```

可以看到，星号的左右两侧传递了实际的文本值。然而，正如之前学到的，我们完全可以在两边传递任何可以提供文本值的内容——一个值（正如我们所做的）、符号（变量）或其他表达式。

因此，回到 Greetings 应用程序，用以下代码替换程序的最后两行：

```
println("Hello, " * user_name)
```

这样，你已经使用连接运算符连接两段文本，将两行代码组合成一行了。

但你还可以使用另一种方法，例如：

```
println("Hello, $(user_name)")
```

这个例子中没有使用连接运算符，在它的右边有一个 $ 符号和一对括号，以此通知 Julia 括号中的内容需要被解析并放在文本中。

同样，括号中的内容不需要是一个变量名——它们可以是任意内容，包括表达式。已解析的表达式的值将被放置在文本中，这意味着你也可以这样做：

```
println("15 times 6 is $(15 * 6)")
```

当运行时，这行应该会打印：

```
15 times 6 is 90
```

回到 Greetings 应用程序，代码现在应该是这样的：

```
1    print("Enter your name: ")
2    user_name = readline()
3    println("Hello, $(user_name)")
```

或者是

```
1    print("Enter your name: ")
2    user_name = readline()
3    println("Hello, " * user_name)
```

这就是你需要的全部内容——3 行代码。现在你就可以随心所欲地使用这个应用程序了。

## 2.5　变量类型

　　如你所见，变量可以存储许多不同类型的信息。但是，为了让 Julia 存储变量的值，它还需要知道该变量表示或存储的信息类型。例如，当你编写代码：

```
number1 = 15
println(number1)
```

number1 包含一个数字值，Julia 知道这一点很重要，这就是你要告知 Julia 的：

"number1 是一个包含值 15 的变量"

你可能没有意识到这一点，但有些语言可能需要一些额外的信息，例如：

"number1 是一个变量，它包含一个数字类型的值，且该值为 15"

　　很幸运，Julia 能够推断出这个类型，所以不需要你明确地指出，这

个特性在编程中被称为类型推断(type inference)。由于 Julia 具有类型
推断功能,因此你可以编写以下代码:

```
number1 = 15
println(number1 * 5)
number1 = "Fifteen"
println("$(number1) is the number")
```

而且它将会成功编译。如果你运行该程序,将看到以下输出:

```
75
Fifteen is the number
```

你可以使用其他语言编写刚才的代码,如 Swift 或 Java,但它们都会出
现一个错误。这背后的原因是,当你编写:

```
number1 = 15
```

其他语言将推断出该类型并强制执行该类型。所以在前一行代码之后,
如果你要说:

```
number1 = 50
```

这是可以的,因为你将变量 number1 设置为了一个新数值。但是,如果
你要输入:

```
number1 = "Hello"
```

那么大多数其他语言会显示一个错误,这是因为你试图将文本放入之前
被推断为数字类型的变量中。

　　对于 Julia,这种情况不会发生。相反,通过上面的两行代码,你获
取了一个新变量,具有新类型和一个新值。这种动态类型的编码通常很
好用,Julia 编译器可以大量优化这些程序,但有时程序员希望Julia 更严
格一点,真正地强制执行类型检查,原因有两方面:它有时可以帮助提

高性能,还可以使代码"更安全",因此你不会意外地使用错误的类型。为此,你需要声明你要创建的变量类型。

在继续之前,让我们看看 Julia 中一些常见的变量类型。

| 数据类型名 | 叫法 | 描　　述 | 示例 |
|---|---|---|---|
| String | 字符串 | 可以是任何一个文本,事实上,我们已经使用过它了。当你输入 println("Hello")时,双引号中的 Hello 是 String 类型,fifteen 是一个字符串 | "Hello"<br>"Welcome"<br>"4 5 2 ＋ 4"<br>"four" |
| Char | 字符 | 这是文本的单个字符,由单引号中包含的字符表示 | 'a'<br>'b'<br>'1'<br>'\' |
| Int64 | 整型 | 此类型用于存储非 decimal 类型数。同样,你在前面也使用过该类型了,当你输入 number1＝15 时,你使用的是 Int64(为简单起见,我们称之为"整数"或"数字") | 4<br>1000987<br>－32<br>－100000 |
| Float 32 | 浮点型 | 此数据类型用于存储实数。你还没有使用过这种类型 | 4.5<br>3.14159<br>－120.4432 |
| Bool | 布尔型 | 这是一个简单的数据类型,表示两个值中的一个:真或假 | true<br>false |

这只是四种变量类型,Julia 具有更多的变量类型,例如可变精度或大小等。还有很多变量可以做的事情,例如,字符类型在技术上被表示为一个数字,而不是文本。所以你可以这样做:

```
println('a')
```

你会得到这样的输出:

```
a
```

你也可以对字符进行加运算,因为它在内部被表示为数字:

```
println('a' + 1)
```

你会得到这样的输出:

```
b
```

这真是太棒了! 正如你所知,Julia 提供了很多功能,这本书将带你走上 Julia 的世界。

但是如果你想告诉 Julia number1 变量只是一个整数,那么你就可以这样做:

```
number1::Int64 = 52
```

但是请稍等! 尽管此代码在技术上有效,但如果你尝试运行,则会出现以下错误:

```
ERROR: LoadError: syntax: type declarations on global variables are not
yet supported
```

这是因为一种叫作范围(scope)的东西——现在我们还不会讨论它,但我们会在本章结束时回到这个概念上来。现在,你可以让 Julia 推断出你的变量类型。

现在你了解了更多最常见的可存储数据的类型以及如何获取用户输入,下面让我们构建一个可以实现更有趣的操作的应用程序吧。这个应用程序将获取用户输入的两个数字并将它们相乘,然后打印到屏幕上。

打开一个名为 multiplier.jl 的新文件,输入以下 4 行代码:

```
1    print("Enter your first number: ")
2    number1 = readline()
3    print("Enter your second number: ")
```

```
4    number2 = readline()
```

只要你一直留意,你应该会知道此代码旨在从用户那里获取两个数字,并将它们分别存储在名为 number1 和 number2 的变量中。

现在,让我们将这两个数相乘并打印出来:

```
println("$(number1) * $(number2) = $(number1 * number2)")
```

我知道这行一开始看起来可能有点令人困惑,让我们把它分解一下。首先,上面所有以彩色突出显示的数据块将由 Julia 计算,并替换为它们的值:

```
println("$(number1) * $(number2) = $(number1 * number2)")
```

假设用户输入 5 和 7,则:

① $(number1)将被计算并显示为 5;

② $(number2)将被计算并显示为 7。

任何未突出显示的内容都是字符串(文本)的一部分,将在屏幕上显示。

就是这样!现在我们试试运行这个应用程序。

```
Enter your first number: 5
Enter your second number: 7
5 * 7 = 57
```

嗯,这看起来不太对。似乎这个程序只是把这两个输入放在了一起,而不是将它们相乘。下面让我们解决这个问题。

## 2.6    变量之间的转换

你应该还记得我们讨论了星号( * )运算符的两种用途:

① 连接字符串;

② 乘数运算。

那么可能发生的是星号运算符连接了两个输入，而不是将它们相乘，为什么呢？好吧，再次提到了运算符如何决定该怎么做呢？它会根据其左右变量的类型知道要做什么。如果它们是字符串，它就会连接它们；如果它们是数字，它就会对它们进行乘法运算。

在这个例子中，可以推断出我们从 readline 函数中得到的变量是字符串，这意味着操作符已经决定要连接它们了。要解决这个问题，需要将字符串转换为整数，因为我们可以确定该字符串表示用户输入的数字值。所以，请将代码

```
1    print("Enter your first number: ")
2    number1 = readline()
3    print("Enter your second number: ")
4    number2 = readline()
```

修改为

```
1    print("Enter your first number: ")
2    number1 = parse(Int64, readline())
3    print("Enter your second number: ")
4    number2 = parse(Int64, readline())
```

为了理解我们在第 2 行和第 4 行中所做的更改，让我们只关注第 2 行：

```
number1 = parse(Int64, readline())
```

这里我们调用了 parse 函数，并向其传递了两条信息：

① Int64；

② readline()。

Int64 是我们想要解析的变量类型，第二条信息是我们想要解析的信息。但是请记住，readline() 本身并不是我们想要解析的东西，因为

readline()是一个表达式。当我们解析这个表达式的值，即我们想要解析的值时，我们就会调用这个函数，以便它可以计算该值。

这意味着，当运行 readline()函数时，你将提供输入，该输入将作为函数的输出传递给解析函数，解析函数将输出你输入的字符串的整数值。

现在，如果运行此代码，你的体验应该是这样的：

```
Enter your first number: 5
Enter your second number: 7
5 * 7 = 35
```

很好！你的应用程序现在已经成功对整数进行乘法运算了。事实上，如果想获得小数输入，你可以在解析函数的调用中将 Int64 更改为 Float64，像这样：

```
print("Enter your first number: ")
number1 = parse(Float64, readline())
print("Enter your second number: ")
number2 = parse(Float64, readline())
```

现在，你可以这样与应用程序交互：

```
Enter your first number: 3.14
Enter your second number: 5.2
3.14 * 5.2 = 16.328
```

解析是将某种类型的变量转换到另一种类型的方法，但还有另一种方法——convert 函数。下面解释一下它们之间的区别。

① parse 函数接收一种类型的变量，并将其"解析"为一个根本无关的类型。例如，从操作的角度来看，字符串和浮点数基本上没有任何共同点。但是，浮点数值可以在字符串中以文本形式表示。例如，当你通过 readline()获取来自用户的输入时，3.14 的浮点值实际上为"3.14"。

因此,通过使用 parse 函数可以获取文本浮点值并将其转换为实际的浮点值。你应该对以下代码比较熟悉了:

```
user_input = parse(Int64, readline())
```

② convert 函数接收一种类型的变量,并将其"转换"为一个基本相关的类型。例如,正如前面提到的,字符在后端以数字形式存储为整数,这意味着字符与整数之间有某种关系。整数和浮点数也是如此,它们都存储着数字值。因此,如果要从整数转换为字符或从浮点数转换为整数,则不会使用 parse 函数,而是使用 convert 函数。

下面来看一个例子吧!请输入以下代码:

```
1   char_a = 'a'
2   char_a_index = convert(Int64, char_a)
3   println("Looking at character $(char_a)")
4   println("Next character is: $(char_a + 1)")
5   println("Character is at index $(char_a_index)")
6   println("Next character is: $(convert(Char, char_a_index + 1))")
```

现在逐行解释一下。

① 在第 1 行中,我们定义了一个名为 char_a 的变量,其中包含小写字母"a"字符。

② 我们需要通过将该字符转换为 Int64 类型确定该字符的整数表示。这是在第 2 行中实现的。

③ 第 3 行将打印输出 char_a 变量。

④ 第 4 行将打印输出 char_a+1 的结果。

⑤ 第 5 行将打印输出该字符的整数表示。

⑥ 第 6 行将字符的整数表示加 1,并将其转换为字符,然后打印出结果的值。

如果运行此代码,则应看到以下输出:

```
Looking at character a
Next character is: b
Character is at index 97
Next character is: b
```

就这样，你已经学会了如何创建变量、使用变量及将变量转换为正确的类型。通过请求并存储用户的输入，将输入存储到变量中，变量类型相互转换并将信息显示给用户。在第 2 章中，你应该已经有了一些编程的感觉，并开始准备以程序员的身份使用计算机了。

让我们继续将这些知识代入下一章的学习中，学习如何使用计算机帮你做出决策。

## 强化练习

1. 为什么要使用布尔数据类型？

2. 编写一个计算给定任意数的平方根的程序。

3. 从用户那里获取一个实数，并得到用户输入的幂。

4. 创建一个小的程序以接收用户输入的两个数字，将它们连接并显示在一行中，然后将它们的乘积显示在另一行中。

5. 创建一个小的程序以打印小写字母"d"，计算其索引并显示大写字母。提示：小写字母从 97 开始，大写字母从 65 开始。以下是输出的示例模板：

```
Lowercase letter: d
Uppercase letter: D
```

# 第 3 章

## 条件和循环

经过前两章的学习后,我相信你会很愿意用 Julia 创建一些真实的应用程序。这些应用程序的工作将由你的响应决定,有时还决定于你希望它们如何工作。然而,在你可以做到这一点之前,你首先必须学习一些关于编程的基本知识:如何让计算机做出决定以及如何遍历数据。

在本章中,你将学习:

- 什么是条件(condition);
- 条件操作符是什么;
- 计算机如何使用 if/else-if/else 语句检查和断言条件进行决策;
- 什么是迭代(iteration);
- 如何使用 for 循环迭代;
- 如何使用 while 循环迭代。

## 3.1　什么是条件

在我们关心的上下文中,条件是"一种情况或一种结果"。当与 if 一起使用时,条件将导致真或假(是或否),程序控制可以转向一条(第一条)或另一条(第二条)路径。

这是使计算机能够运行的最基本和最关键的操作,你使用计算机所做的几乎所有操作都有与之相关的某种条件。例如:

① 当你在 Chrome 浏览器中打开新选项卡时,浏览器必须检查是否已打开过多的选项卡。

② 当你注册在线服务时,表单需要根据你的出生日期确保你的年龄足够大。

③ 当你使用键盘在文本编辑器上输入时,编辑器需要检查 Caps Lock 键是否打开或是否按下 Shift 键。

④ 当你问 Siri"我今天需要穿雨衣吗?",手机需要查询天气是否会下雨。

以上只是几个简单的例子,在日常生活中,几乎所有不同场景中使用的应用程序都会使用条件。

下面你将学习如何在 Julia 语言中实现这些条件。

## 3.2　条件操作符是什么

假设我们要构建一个应用程序,用来检查某个用户是否超过某一年龄阈值,以便让该用户享受相关服务。继续操作并打开名为 old_enough.jl 的新文件,输入以下代码:

```
1    minimum_age = 18
2    print("Enter your age: ")
3    user_age = parse(Int64, readline())
```

我相信你还记得第 2 章中的这段代码做了以下三件事：

① 定义一个 minimum_age 变量，赋值为 18；

② 打印提示信息，以便用户提供其年龄信息；

③ 从用户处读取输入，将其从字符串转换为整数形式，并存储在 user_age 中。

一旦获取了 user_age 变量，就需要确定该 user_age 变量的值是否足够大，使用户能够进入服务行列。我们可以使用一个条件运算符实现这一点。

在继续讨论条件之前，我们需要先了解一些将要使用的简单术语。什么是操作符呢？让我们举个例子：

```
user_age > minimum_age
```

这行代码读作 user_age 大于 minimum_age，这里的大于（＞）符号是一个操作符，因为它分别对写在其左右两侧的 user_age 和 minimum_age 进行操作。此外，user_age 和 minimum_age 也被称为操作数。这样写，表示这是一个评估两种可能结果之一（true 或 false）的条件，取决于存储在左右变量中的值。我们将在创建的应用程序中学习并使用许多这样的操作符。

正如我们刚刚学习过的，加法（＋）符号需要读取两个数并返回它们的和，星号（＊）符号需要读取两个数并返回它们的乘积。相比之下，条件操作符需要接收一个或两个值，并返回一个布尔（true 或 false）值。

Julia 中有很多不同的条件操作符，以下是其中的一些。

| 操作符 | 叫法 | 描述 |
|---|---|---|
| > | 大于 | 需要两个值,并检查左边的值是否大于右边的值 |
| < | 小于 | 需要两个值,并检查左边的值是否小于右边的值 |
| == | 等于 | 需要两个相同类型的值,并检查它们是否都表示相同的值 |
| != | 不等于 | 需要两个值,并检查它们是否都表示不同的值 |
| <= | 小于或等于 | 需要两个值,并检查左边的值是否小于或等于右边的值 |
| >= | 大于或等于 | 需要两个值,并检查左边的值是否大于或等于右边的值 |
| ! | 布尔逆 | 这个运算符有点不同,它只需要右边的一个值,将返回它所传递的值的逆。例如,如果传递 false,则将返回 true;如果传递 true,则返回 false |

备注:==操作符比较特殊,并且不同于=操作符。=操作符用来为一个变量赋值,==操作符用来比较两个变量,结果返回 true 或 false。

在这个例子中,我们希望确保用户的年龄大于或等于我们定义的最小年龄。要想执行此操作并打印出结果,需要添加以下代码:

```
4  println(user_age >= minimum_age)
```

好了!如果只使用 4 行代码运行应用程序,那么你会得到一个提示,要求输入你的年龄。如果输入的值小于 18,则会显示 false;否则会显示 true。

但这并不是很有趣,也没有做太多的事情,所以让我们带着它进入下一级。如果条件操作符返回 true,则要执行一些代码;否则要执行其他代码,这就是 if 语句出现的地方!

## 3.3 计算机如何使用 if/else-if/else 语句进行决策

使用 if 语句可以根据条件为 true 还是 false 控制代码流。让我们先来看一个例子。

首先,继续从 old_enough.jl 文件中删除最后一行代码,然后输入代码

```
4   if user_age >= minimum_age
5       println("You're old enough. Welcome!")
6   end
```

让我们来解析一下这三行代码。

① 第 4 行告诉 Julia 我们正在开始一个 if 语句,并提供了一个需要检查的条件。

② 如果第 4 行中的条件为 true,则执行第 5 行。

③ 第 6 行告诉 Julia,if 语句的代码块已经结束。如果第 1 行(行 4)中的条件为 true,那么在这一行之前和第一行(行 4)之后的所有内容都将被执行,它可以是这两行之间任意数量的代码行。这一部分代码被称为一个代码块。

现在,如果要运行应用程序,你会看到提示,但还有一些问题。如果你提供的年龄足够大,即 18 岁或以上,则它确实会通过 println 函数在下一行打印消息。然而,如果不是,那么什么也不会发生。程序并没有说你的年龄还不够大,只是什么也没做。右面这张流程图将会让你看得更清楚。

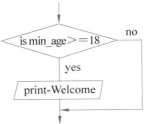

但是,你想要的流程应该是这样的:

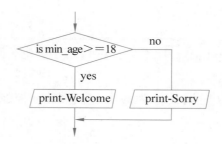

这种情况不会发生,因为我们还没有告诉 if 语句当判断结果为 false 时要执行什么代码。

```
if user_age < minimum_age
    println("You're too young — sorry!")
end
```

这样就可以正常工作了,但这还不是最理想的,你明明已经检查过一次条件了,为什么还要再检查一次呢? 相反,你可以使用 else 子句,它是一个在条件非 true 时提供代码的子句。

替换已有的 if 语句:

```
4   if (user_age >= minimum_age)
5       println("You're old enough. Welcome!")
6   else
7       println("You're too young — sorry!")
8   end
```

这样就足够了! 如果运行应用程序,那么现在应该可以看到输入年龄大于和小于阈值时的输出,并告诉它们是否符合条件。

但是你还可以做更多的事情。例如,如果用户的年龄超过了阈值,你想欢迎他们,让他们进入;如果他们的年龄正好是阈值年龄,则要发出警告;如果他们的年龄小于阈值年龄,就不允许他们进入,等等。当然,你可以编写以下这样的代码:

```
 4  if user_age > minimum_age
 5      println("You're old enough. Welcome!")
 6  else
 7      if user_age == minimum_age
 8          println("You're old enough, but be careful.")
 9      else
10          println("You're too young — sorry!")
11      end
12  end
```

事实上,我建议你尝试一下,以便通过输入不同的年龄了解程序是如何工作的。但是,还有一种更有效的方法——if/else-if/else 语句。

让我们来看一个例子,然后我会解释一下它是如何工作的。

```
 4  if user_age > minimum_age
 5      println("You're old enough. Welcome!")
 6  elseif user_age == minimum_age
 7      println("You're old enough, but be careful.")
 8  else
 9      println("You're too young — sorry!")
10  end
```

让我们逐行来看一下,从第 4 行开始。

① 第 4 行将检查用户的年龄是否大于最小年龄。

② 如果第 4 行的条件为 true,则运行第 5 行并打印消息"You're old enough. Welcome!"。

③ 如果第 4 行的条件为 false,则第 6 行将检查用户的年龄是否等于最小年龄。

④ 如果第 6 行的条件为 true,而第 4 行的条件为 false,则运行第 7 行并打印消息"You're old enough,but be careful!"。

⑤ 第 8 行准备让 Julia 看看即将到来的代码。

⑥ 如果第 4 行和第 6 行中的条件都为 false,则运行第 9 行。

⑦ 第 9 行打印消息"You're too young—sorry!"。

⑧ 第 10 行告诉 Julia,你在第 4 行开始的 if 语句的代码块已经结束。

⑨ 事实上,你也可以编写多个 else-if 语句,例如:

```
4    if (user_age > minimum_age + 1)
5        println("You're old enough. Welcome!")
6    elseif (user_age == minimum_age + 1)
7        println("You're old enough, and I'm sure you'll
         ⇨  be fine.")
8    elseif (user_age == minimum_age)
9        println("You're old enough, but be careful!")
10   else
11       println("You're too young — sorry!")
12   end
```

将对每个条件进行判断,直到其中一个条件为 true,然后运行其相应的代码块。如果没有判断为 true 的条件,则运行与 else 语句对应的代码块。

现在,你已经了解了条件以及 if 语句是如何工作的了。

## 练习 1

现在是时候练习一下如何创建以下应用程序了。

1. 提示用户输入一个整数,并通知用户输入的数字为偶数或奇数。

2. 提示用户输入一个整数,并通知用户输入的数字是否可以被 7 整除。

3. 提示用户输入两个整数作为平行四边形的底和高,并计算出面积。

## 3.4　什么是迭代

正如前面提到的,条件是编程的重要组成部分,但仅仅如此还有点不完整。为了让计算机真正发挥作用,它们还需要支持迭代,即多次执行任务。

事实上,如果你仔细想想就会明白,这才是我们使用计算机的初衷,因为它们可以数百万次地做同一件事情,不会觉得"无聊"或需要"休息",这可是我们人类做不到的!

Julia 中有两种迭代的方法——for 循环和 while 循环。前者使用得更广泛,而后者则更灵活一些。

## 3.5　如何使用 for 循环迭代

实际上,for 循环非常简单,请打开一个名为 countUpTo.jl 的新文件,然后输入代码

```
1  for iteration_number in 1:5
2      println(iteration_number)
3  end
```

我将会解释这段代码的作用,但请先运行一下代码,你应该会看到以下输出:

```
1
2
3
4
5
```

这段代码的本意是告诉 Julia"执行以下代码,并在第 1 行创建一个名为 iteration_number 的变量。此变量的初始值为 1,并且每次执行循环代码时此变量的值都会加 1。最终,当你得到 5 并执行代码时,停止循环"。

for 循环的基本格式为

```
for <iteration_number> in <start_at>:<end_at>
    [your_code]
end
```

| 术　语 | 解　释 |
| --- | --- |
| iteration_number | 任何有效的变量名,这个变量被称为循环控制变量 |
| start_at | 任何数值——值、变量或表达式。这是循环控制变量的初始值 |
| end_at | 任何数值——值、变量或表达式。当循环控制变量的值超过此值时,将停止循环。循环控制变量运行 for 和 end 之间的代码,每次到达 end 时,iteration_number 变量的值都会增加,并检查其值是否小于或等于 end_at 中存储的值。如果是,则进行下一次迭代;否则退出循环,并执行 end 后面的代码 |

为了更好地理解程序是如何工作的,请在 for 循环语句之前添加以下两行代码:

```
1    print("Enter a number to count up to: ")
2    max_number = parse(Int64, readline())
```

然后将 for 循环改为

```
3    for  iteration_number in 1:max_number
4        println(iteration_number)
5    end
```

现在,运行代码,你可以输入一个数字,并看到程序计数到这个数。

例如,如果输入 8,则会看到这样的输出:

```
Enter a number to count up to: 8
1
2
3
4
5
6
7
8
```

就这样,你已经学会了 for 循环的基本知识! 但是你还可以做得更多。例如,如果你希望每次都将 iteration_number 增加 2 而不是增加 1,需要做的改变就是

```
for iteration_number in 1:2:max_number
```

现在,如果你在提示符处输入 12,则会看到这样的输出:

```
Enter a number to count up to: 12
1
3
5
7
9
11
```

如果你要打印偶数,则必须从 2 开始。因此,请更改第 1 行为

```
for iteration_number in 2:2:max_number
```

在这里,如果你在提示时输入 12,则会看到这样的输出:

```
Enter a number to count up to: 12
2
4
6
```

```
8
10
12
```

现在,你已经了解了 for 循环的基本知识,让我们开始构建一些更复杂的程序,并将条件与它结合起来。

创建一个名为 stop_at_divisible.jl 的新文件。在此文件中,我们将编写一些能够接收以下输入的代码:

① 起始数;

② 结束数;

③ 整除参考数。

本质上,我们将创建一个 for 循环,从用户提供的第一个数字(起始数)迭代到用户提供的第二个数字(结束数),此循环的增量为 1。每次迭代时,我们都将打印出当前的数。如果数字可以被用户提供的第三个数整除(整除参考数),则停止循环并打印要结束循环的内容。

为了给你一点挑战,我将写出所有代码,然后分块描述它们的作用。

```julia
1   print("Enter a number to start at: ")
2   start_index = parse(Int64, readline())
3   print("Enter a number to end at: ")
4   end_index = parse(Int64, readline())
5   print("Enter a divisibility reference number: ")
6   div_ref = parse(Int64, readline())
7
8   for iteration_number in start_index:end_index
9       println(iteration_number)
10      if iteration_number % div_ref == 0
11          println("Found the right number! Ending loop.")
12          break
13      end
14  end
```

我相信你可以理解大部分代码,所以让我们只关注第 8 行及之后的代码。第 8 行定义了 for 循环,它非常简单,它告知 Julia 使用 iteration_number 变量在 start_index 和 end_index 的值之间进行循环迭代,并运行其块内代码。此块在第 14 行(end 关键字)结束。

在该块中,我们首先在第 9 行打印 iteration_number,然后 if 语句检查 iteration_number 是否可被整除参考值整除,这一步使用模(modulo)运算符,这是用百分号(%)表示的。

模运算符返回给定值的除法运算的余数。例如,如果运行

```
15 / 7
```

则会得到

```
2.1428571429
```

但是如果你想得到这个除法的余数而不是一个小数值,则可以使用模运算符,其结果为 1。

如果要手动执行长除,你将得到以下结果:

```
15 / 7
Quotient = 2
Remainder = 1
```

要想证明这一点,你可以做以下计算:

```
7 * 2 + 1 = 15
(15 - 1) / 2 = 7
```

现在请记住这条规则:如果 A 可以被 B 整除,那么 A 除以 B 将返回一个等于 0 的余数。我们可以利用这个规则,如果 A 模 B 是 0,那么 A 就可以被 B 整除。这正是第 9 行的 if 语句检查到的条件。

如果遇到一个在循环中可以整除的数,则将发生以下两件事:

① 该程序将打印出"Found the right number! Ending loop."

② 该程序将停止循环,这是因为 break 关键字会中断循环中任何剩余的迭代。

现在你已经明白了程序是如何工作的,那就继续吧! 你已经赢得了一个当之无愧的休息机会。

我希望你喜欢构建的这个应用程序,但还有更多的内容! 让我们通过实现 FizzBuzz 示例继续复习刚刚学习的 for 循环、if 语句和操作符的相关内容吧。

FizzBuzz 是一个经典的编程练习示例,你可以按照以下指示操作:

① 从数字 1 循环到 100;

② 对于每个可以被 3 整除的数字打印"Fizz";

③ 对于每个可以被 5 整除的数字打印"Buzz";

④ 对于每个可以同时被 3 和 5 整除的数字打印"FizzBuzz";

⑤ 对于每个不能被 3 或 5 整除的数字打印当前的数字。

一开始听起来很复杂,但它真的可以只用 11 行 Julia 代码实现。继续操作并打开 FizzBuzz.jl,输入以下代码:

```
1   for iteration_num in 1:100
2       if (iteration_num % 3 == 0) && (iteration_num % 5 == 0)
3           println("FizzBuzz")
4       elseif (iteration_num % 3 == 0)
5           println("Fizz")
6       elseif (iteration_num % 5 == 0)
7           println("Buzz")
8       else
9           println(iteration_num)
10      end
11  end
```

我相信你能理解以上这段代码,它实际上就是刚才五个步骤的实现。

有一个从 1 到 100 的循环,还有一个称为 iteration_num 的迭代器。

循环中的第一个条件检查 iteration_num 是否可以被 3 和 5 同时整除；如果是，则打印 FizzBuzz，如果否，则检查它是否可以被 3 整除；如果是，则打印 Fizz，如果否，则检查它是否可以被 5 整除，如果是，则打印 Buzz，如果否，则打印 iteration_num。

**练习**

请问以下代码可以实现 FizzBuzz 吗？

```
1   for iteration_num in 1:100
2       if iteration_num % 3 == 0
3           print("Fizz")
4       end
5       if iteration_num % 5 == 0
6           print("Buzz")
7       end
8       if iteration_num % 3 != 0 && iteration_num % 5 != 0
9           print(iteration_num)
10      end
11      print("\n")
12  end
```

提示：print("\n") 可以在屏幕上打印新的一行，换句话说，它会将光标移到下一行。

## 3.6 如何使用 while 循环迭代

正如你所看到的，for 循环很棒，但有时它们并不能如你所愿。有时，你需要更多的灵活性，这就是 while 循环的作用。使用 while 循环可以在特定条件保持 true 时连续遍历某些代码。下面让我们构建一个简单的示例，从前面讨论的 for 循环中复制一些功能。

创建一个名为 Next_or_quit.jl 的新文件。

```
1   show_next = "c"
2   next_multiple = 0
3
4   while show_next == "c"
5       global next_multiple = next_multiple + 1
6       println(5 * next_multiple)
7       print("Type c to continue, any other letter to stop: ")
8       global show_next = readline()
9   end
10  println("bye")
```

下面对上述代码进行说明，它从创建一个值为 c 的变量 show_next 开始，这里选择字母 c 的意思是 continue，它还创建了另一个值为 0 的变量 next_multiple。第 4 行显示了使用 while 循环的一种方式，从关键字 while 开始，然后是条件

```
show_next == "c"
```

因为我们已经创建了初始值为 c 的变量 show_next，所以条件判断为 true，因此会执行 while 循环中的代码块，即 while 和 end 关键字之间的代码，即从第 5 行到第 8 行。

① 第 5 行会将 next_multiple 的值加 1。

② 第 6 行打印 next_multiple 中的值乘以 5 后的结果。

③ 第 7 行打印一条消息，用户输入 c 可继续，输入任何其他字母则停止。

④ 第 8 行获取用户的输入。请注意，在这个例子中，因为我们需要来自用户的字符串，而不是 Int64，所以没有使用以前用过的 parse(Int64, readline())代码。如果用户想要继续，则需要输入一个字母 c；如果用户想要停止，则需要输任何其他字母。所以我们只需要用到 readline()，而不需要将它转换为 Int64。

⑤ 第 9 行表示 while 循环的结束。此时，控制返回到 while 循环开

始的地方,然后再次判断条件。如果用户输入 c,则条件 show_next＝
＝"c"的结果为 true,再次运行代码块。但是,如果用户输 c 之外的任何
其他字母,那么代码块就不再被运行。

⑥ 第 10 行将为用户打印消息 bye,如果没有其他迭代,则应用程序
将停止。

**注意**:这与 for 循环不同,它没有像 iteration_number 这样的循环
控制变量,因此 while 循环不会运行预定的次数。用户可以继续显示下
一个乘 5 运算任意多次,这使得 while 循环既特别又灵活,你也可以使
用它代替 for 循环。

但在继续学习之前,我们需要理解一些看起来较新的代码。变量名
show_next 和 next_multiple 之前的 global 告诉 Julia 它引用的是在
while 循环之外,即前面声明过的变量。如果没有使用关键字 global,那
么应用程序将会崩溃,因为 Julia 不明白你引用的是 while 循环中的变量
还是在该循环之外创建的变量。

每个块都创建了自己的变量,并且只在该块中使用,一旦退出该代
码块,这些变量就不复存在了。不过,我们需要在 while 循环的第 1 行
和第 2 行使用之前在 while 循环之外声明过的变量及其值,所以需要使
用关键字 global。

下面让我们通过示例探索更多使用 while 循环的方法。创建一个
名为 simple_while.jl 的新文件,并输入以下代码:

```
1   iteration_num = 0
2
3   while iteration_num < 10
4       global iteration_num += 1
5       println(iteration_num)
6   end
```

在继续学习之前,需要再次强调两点:

① 为什么我们在 iteration_num 之前使用 global 这个词呢？我们将在下一章讨论其真正的复杂性，但简而言之，这是因为我们试图设置在全局范围（即 while 循环外）内定义的变量的值，正如第一个 while 循环示例 Next_or_Quit.jl 中描述的那样。

② 新的操作符"＋＝"是什么意思呢？使用"＋＝"操作符可以告诉 Julia 将此运算符左侧的变量值设置为其值加上运算符右侧的值之后的值。

在继续之前，请先查看以下代码（无须输入）：

```
a = 10
a = a + 5
print(a)
```

该代码将打印

```
a = 10
a += 5
print(a)
```

还将打印

```
15
```

因为"＋＝"告诉 Julia 将变量 a 的值设置为其值加 5。同样，你也可以使用诸如"－＝""＊＝""/＝"等操作符的速记代码。

现在让我们回到 while 循环。请注意，在 while 关键字的旁边，我们提供了一个条件，while 循环将一遍又一遍地执行代码，直到该条件返回 false，此时循环将停止。因为我们在增加 iteration_num 的值，所以它最终将达到 10，使条件为 false 并停止循环。

但是，上述程序使用 for 循环会更快，那么什么时候才需要使用 while 循环呢？当你要执行一个循环，但不确定需要循环多少次时应该使用 while 循环。你已经在应用程序 Next_or_Quit.jl 中看到了这样的例子。

好，一旦我们知道如何将变量组合在一起，我们就可以在第 4 章学习 while 循环的更多用法了！

你已经学习了两个基本的编程概念：条件和迭代。现在你应该已经准备好学习更多的中级功能了，其中有更多的类型，并能真正拓宽知识的应用广度。

## 强化练习

1. 创建一个应用程序，它可以获取用户输入的 3 个数，并按照从小到大的顺序打印。

2. 创建一个程序，它可以遍历用户提供的任意范围的数，并打印除了能被用户提供的一个参考数整除的那些数以外的所有数字。

3. "＝＝"和"＝"操作符有什么区别？

4. 创建一个程序，它可以编写任意数字的倍数表，并以正向和反向的顺序显示从 1 到 12 的倍数。

5. 提示用户给出两个正整数 x 和 y，并告知用户较大数是否可以被较小数整除。

# 第 4 章

# 数组和字典

你已经学习了有关编程的所有基础知识,干得好! 现在是时候带着你已经掌握的技能进入第 1 级了,这样你就可以构建有趣的程序了。本章将讨论数组和字典。

在本章中,你将学习:

- 数组(arrays)是什么,为什么需要数组;
- 如何创建、遍历、修改数组;
- 数组上的一些操作;
- 如何建立一个应用程序以管理朋友借还你的物品;
- 什么是编程中的字典(dictionaries),与数组相比其优势是什么;
- 如何创建和使用字典;
- 如何修改使用数组构建的借物应用程序,并用字典实现;
- 如何使用 Julia 语言中可用的一些函数。

使用数组和字典可以极大地增加应用程序的灵活性、广度和变量的通用性。

## 4.1    数组及其需求

简单地说,使用数组可以将类似的变量或值组合到一个有序的值列表中。例如,利用目前为止学到的知识构建一个应用程序,将用户输入的任意数量的数存入变量中并将它们相加。

但这是不可能的。虽然你可以获取用户的输入,但这是非常糟糕的做法,是很难维护的,如果遇到问题,都将是很难修复的。

若要解决此问题,你就可以使用数组。数组是非常强大的数据结构,它可以将许多值存储在一起。例如,如果你想创建一个程序以确定朋友们的平均年龄,根据你目前学到的知识,你可以这样写代码:

```
john_age = 39
ronald_age = 28
lola_age = 32
janice_age = 23
sum_of_ages = john_age + ronald_age + lola_age + janice_age
number_of_friends = 4
println("Mean friend age: $(sum_of_ages / number_of_friends)")
```

但是,这样写有点"笨拙"。例如,如果你想添加另一个朋友的年龄,你必须这样做:

① 添加一个新变量并定义年龄;

② 将该变量添加到 sum_of_ages 变量中;

③ 增加朋友数。

还有更简单的方法吗? 让我们一起来探索吧。

## 4.2 创建、遍历及修改数组

绝对没错！数组是来拯救我们的，先看看下面这个例子：

```
1   friends_ages = [39, 28, 32, 23]
2   sum_of_ages = sum(friends_ages)
3   number_of_friends = length(friends_ages)
4   println("Mean friend age: $(sum_of_ages / number_of_friends)")
```

在继续之前，让我们逐行分析一下。

① 在第 1 行中，我们创建了一个新变量 friends_ages，我们将它的值设置为一个年龄数组，该数组用一对方括号（[]）括起来，年龄用逗号分隔。

② 在第 2 行中，我们对数组内的整数求和。幸运的是，有一个内置函数可以做到这一点——sum 函数。我们将数组传给 sum 函数，它会返回数组中所有值的和。这些值被称为元素或数组元素。

③ 在第 3 行中，我们计算了数组中元素的个数。我们使用了 length() 函数，向它传递了一个数组，它让我们知道了数组中有多少个元素。然后我们将这个值存储在了 number_of_friends 中。

④ 最后，我们用和除以长度，它会为我们算出平均值，我们再把它打印出来即可。

如你所见，数组并没有你想象的那么复杂，但这并不是说它们不够强大。数组的用途广泛，要想展示这一点，我们需要构建一个应用程序。

打开名为 adding_machine.jl 的新文件，然后输入以下代码行：

```
1   inputs = []
```

你应该能够看明白，但我仍然要明确指出：我们刚刚创建了一个新变量 inputs,并通过向它传递一对空的方括号将其初始化为一个空数组,此数组中没有任何元素。如果你将其传递给 length 函数,则会得到一个返回的 0 值(数组包含 0 个元素)。

现在我们需要获取用户输入,与以前不同,我们不会只获取一次,而是一遍又一遍地获取它,直到用户告诉我们停止为止。为此,我们需要使用一个 while 循环:

```
2    while true
3        print("Enter a number: ")
4        user_input = readline()
5        if user_input == "quit"
6            break
7        end
8        push!(inputs, parse(Int64, user_input))
9    end
```

让我们再次逐行解释一下这个 while 循环。

① 第 2 行创建了一个 while 循环,我们没有传递条件,而是传递了一个 true 值。当然,这将一直被判断为 true,意味着这个循环永远都不会停止! 但是,为了防止程序在计算机中占用过多内存,循环的第 6 行使用了一个 break 语句。

② 第 3 行提示用户进行输入。

③ 第 4 行将用户输入作为字符串放入 user_input 变量中。

④ 第 5 行检查用户的输入是否为 quit。如果是,则意味着用户希望循环停止。

⑤ 如果第 5 行为 true,则运行第 6 行,它将中断循环。

⑥ 第 7 行告诉 Julia if 语句结束。

⑦ 如果循环还没有停止,也就是说,如果用户没有输入 quit,那么我们就将用户的输入以整数形式存入 inputs 数组。

⑧ 第 9 行结束了从第 2 行开始的 while 循环。

当你将一个元素存入数组时,数组会将其放在最后。例如,假如你要输入以下代码:

```
friends = ["Dan", "Dakota", "Ricard", "Craig"]
println(friends)
push!(friends, "Tanmay")
println(friends)
```

你将看到以下输出:

```
["Dan", "Dakota", "Richard", "Craig"]
["Dan", "Dakota", "Richard", "Craig", "Tanmay"]
```

基于这些知识,你应该了解了上面的 while 循环是如何工作的,它不断提示用户输入,检查用户是否要退出,获取用户输入的整数形式,在用户不想退出时将其存入 inputs 数组;它一遍又一遍地执行此操作,直到用户输入 quit 为止。

现在,我们有一个整型数组,但这个程序的关键是返回用户提供的所有数的和,所以让我们回到程序 adding_machine.jl 中求和并将其打印出来:

```
10  sum_of_inputs = sum(inputs)
11  println("The sum of your inputs is: $(sum_of_inputs)")
```

好了！现在,如果要运行该应用程序,你看到的将会是这样:

```
Enter a number: 4
Enter a number: 32
Enter a number: -3
Enter a number: quit
The sum of your inputs is: 33
```

你已经成功在 Julia 中使用了数组！你看,它并不像你想象的那么复杂。

有时,你可能需要做一些更复杂的事情,Julia 还提供了一些函数以处理大多数程序员通常需要做的事情。

## 4.3　数组上的操作

假如你不想只获取数组中所有元素的和,而是希望从数组中获取特定的值。例如,在以下数组中:

```
friends = ["Dan", "Dakota", "Richard", "Craig"]
```

如何从数组中获取 Craig 并将其存储到另一个变量中或显示在屏幕上呢? 为了做到这一点,你必须知道 Craig 在数组中的位置。

在这个例子中,Craig 是数组中的第 4 个元素。因此,如果你想访问它,那么只需要执行操作

```
println(friends[4])
```

事实上,你刚才已经通过把 4 放在 friends 变量后面的一对方括号中,并将其送入 println 函数中告诉了 Julia“打印出 friends 数组中的第 4 个元素”。

同样,如果想要从该数组中获取 Dan,你可以这样做:

```
first_friend = friends[1]
println(first_friend)
```

在这个例子中,你获取了 friends 数组的第 1 个元素 Dan,并将其送入 first_friend 变量中,然后打印出 first_friend 变量的内容。

但还有另一个问题:如果你知道 Richard 就在数组中,但不知道 Richard 的位置,这该怎么办呢? 应该如何找到 Richard 的“索引”呢? 你可以使用 findall 函数。

```
all_richards = findall(x -> x == "Richard", friends)
```

实际上，你在这里所做的事情是：

① 定义新变量 all_richards；

② 调用 findall 函数。

a. 通过输入 x -> x＝＝"Richard"为 Julia 创建了一个在数组中查找 Richard 的指令（我们将在第 5 章讨论这一步是如何工作的），并将此指令传递给 findall 函数。

b. 将 friends 数组传递给 findall 函数。

现在，all_richards 变量就是数组中所有 Richard 出现的位置索引数组。因为 friends 数组中只有一个 Richard，所以这个新数组中应该只有一个元素。要想证明这一点，可以运行以下代码：

```
println(length(all_richards))
```

你应该会看到输出为：

```
1
```

因为我们知道只有一个元素，所以可以用以下代码替换：

```
first_richard_index = findall(x -> x == "Richard", friends)[1]
```

这将在 friends 数组中找到 Richard 第一次出现的位置索引，这是因为在函数调用结尾包含数字 1 的方括号可以告诉 Julia 从 findall 返回的数组中获取第一个元素。

但是，最好使用专门的 findfirst 函数进行查找：

```
first_richard_index = findfirst(x -> x == "Richard", friends)
```

现在，请记住，first_richard_index 变量已经包含 Richard 在数组中的位置索引。这意味着，如果输入：

```
println(friends[first_richard_index])
```

你将得到以下输出：

```
Richard
```

但是请再等一下，Dakota 没有归还前几天你借给她的 20 美元，她已不再是你的朋友了，如何从 friends 数组中删除她的名字呢？ 我们知道她的位置索引是 2，所以你可以简单地运行

```
deleteat!(friends, 2)
```

现在，当你运行代码

```
println(friends)
```

时，你可以看到

```
["Dan", "Richard", "Craig"]
```

你不会再想起那 20 美元了。

但是假设你一直在根据和你一起上课的人追踪你的朋友，比如这样：

```
history_friends = ["Tim", "Richard", "Lola"]
math_friends = ["Abigail", "Jane", "Myles"]
```

如果你想创建一个包含你所有朋友的新数组，这该怎么办呢？ 很简单，仅需要使用垂直连接（vcat）函数：

```
all_friends = vcat(history_friends, math_friends)
```

我相信你还记得第 2 章中有关连接的内容。实际上，你将连接两个数组，即将两者放在一起。若要查看该操作，请运行

```
println(all_friends)
```

你应该会看到

```
["Tim", "Richard", "Lola", "Abigail", "Jane", "Myles"]
```

这些是数组的基本操作,但还可以更深入一些。具体来说,你可以了解更深层次的另一个维度。没错,现在我要向你演示如何构建多维数组。

我知道"多维"听起来有些复杂,但这个概念非常简单。如果刚才使用的一维数组是一个值数组,则二维(2D)数组就是一个包含值的数组的数组。例如:

```
friends_ranked = [["Dan", "Rich"], ["Lola", "Myles"], ["Jane",
⇨  "Abigail"]]
```

就是一个二维数组,它只是一个数组中的数组。在这个示例中,你构建了一个包含朋友数组的数组,朋友数组越靠近数组的前面,你就越喜欢他们。但并不一定是这样,只是因为你是这样创建的而已。

在本例中,较大数组中的所有数组都具有相同数量的元素(每个数组包含两个元素,总共包含三个数组),但这并不是必需的,下面这样也同样有效:

```
friends_ranked = [["Dan", "Rich", "Lola"], ["Myles"], ["Jane",
⇨  "Abigail"]]
```

但是请等一下,Abigail 对你的态度已经不再像以前那样刻薄了,那么你怎么才能让她往前升一级呢?

首先,从结尾将她删除:

```
deleteat!(friends_ranked[3], 2)
```

然后,将她添加到中间的数组中:

```
push!(friends_ranked[2], "Abigail")
```

现在，在打印数组时，应该会看到以下内容：

```
[["Dan", "Richard", "Lola"], ["Myles", "Abigail"], ["Jane"]]
```

好了！现在你已经了解了一维和多维数组的所有基本知识了。

现在让我们用数组做一些更有趣的事情。如果你有一个这样的数组：

```
my_numbers = [3, 12, 5, 7, 8, 2]
```

你想把每个数乘以 3，然后打印出来，该怎么办呢？为此，你需要遍历数组中的所有值。我们在第 3 章已经讨论过迭代，结合你目前掌握的内容，你可能会编写这样的代码：

```
for number_index in 1:length(my_numbers)
    println(my_numbers[number_index] * 3)
end
```

如果运行这段代码，那么它将完全按照你期望的那样工作。但这绝对不是最好的方法，你必须循环遍历数组中元素的索引，然后获取当前索引中的元素并乘以 3。与此不同，Julia 可以让我们直接遍历元素本身。例如：

```
for number in my_numbers
    println(number * 3)
end
```

这一次，number 没有包含元素的索引，而是包含元素本身，循环从数组的开始到结尾都没有提及索引。

但是，我们正在对数组执行一个非常简单的操作，即将每个元素都乘以 3。因此，在这个例子中使用 for 循环就有点大材小用了。相反，我们可以使用 map 操作：

```
new_numbers = map(x -> x * 3, my_numbers)
```

这将创建一个包含 my_numbers 内容的新数组 new_numbers,其中的每个元素都是 my_numbers 中的元素乘以 3 后的值。但是,如果你不想创建一个新的变量,只是想改变 my_numbers 中对应位置的值,那该怎么办呢? 有两种方法:

```
my_numbers = map(x -> x * 3, my_numbers)
```

该方法将执行与之前相同的操作,但它会将新结果放回 my_numbers。你还可以这样做:

```
map!(x -> x * 3, my_numbers)
```

单词 map 末尾的感叹号告诉 Julia 要在对应的位置编辑数组。现在,如果你要写:

```
println(my_numbers)
```

你将看到

```
[9, 36, 15, 21, 24, 6]
```

有了这些新知识,我们就可以继续用数组构建一些更有趣的东西了。应用程序如何追踪你借给朋友的东西,避免像 Dakota 这样的情况发生呢?

创建一个名为 friend_lend_manager.jl 的新文件,并编写以下代码:

```
friends = ["Dan", "Richard", "Craig"]
lent = [[], ["Book: Ender's Game", "2 dollars"], ["Calculator"]]
```

你刚刚创建了两个数组: friends 和 lent。friends 数组包含表示朋友名字的字符串,lent 数组包含多个数组,每个数组都包含你借给朋友的物品。

lent 数组中的每个数组都对应于 friends 数组中每个朋友的名字。

例如,怎么知道你借给了 Richard 什么东西呢? 你知道 Richard 在 friends 数组中的索引为 2,所以要在 lent 数组中得到索引 2 处的值,你将得到数组

```
["Book: Ender's Game", "2 dollars"]
```

这就是你借给 Richard 的东西。

现在要将你学到的知识融合进一个应用程序,请继续输入以下代码:

```
while true
    print("What did you do(takeback/give/newfriend)?")
    user_action = readline()
end
```

当然,这并不是 while 循环中的所有。在获取 user_action 后,请添加以下 if 语句:

```
if user_action == "takeback"
    elseif user_action == "give"
    elseif user_action == "newfriend"
else
    println("Sorry, I didn't understand that. Valid actions:
    ⇨  'newfriend', 'takeback', and 'give'.")
end
```

如你所见,我们还没有实现多少功能,让我们逐块实现吧。首先从实现如果用户输入 takeback 将会发生什么开始,这将是第一个 if 代码块。请记住,我们希望代码实现如下功能:

① 向用户显示他的所有朋友;

② 询问用户从哪个朋友那里取回了一些东西;

③ 向用户展示他借给那个朋友的所有东西;

④ 询问用户取回了什么东西;

⑤ 更改数组以记住用户从那个朋友那里取回了什么物品。

让我们开始吧！请输入以下代码：

```julia
println("These are your friends: ")
for friend in friends
    println(friend)
end
print("Which friend did you lend to?")
friend_name = readline()
friend_index = findall(x -> x == friend_name, friends)
```

这段代码将执行前面描述的①和②。请记住，friend_index 实际上是用户在 friends 数组中输入的所有名字出现的位置数组。如果没有出现，则此数组的长度为 0。所以，让我们检查一下吧：

```julia
if length(friend_index) == 0
    println("Sorry, I didn't find that friend.")
    continue
else

end
```

如你所见，目前还没有对 else 代码块的实现。但在主要的 if 代码块中有一个新的关键字 continue，它会告诉 Julia"不要在这次迭代中执行其他代码，继续进行下一轮迭代"。

现在，让我们实现 else 代码块。请记住，当实现这一点时，我们必须已经确认我们知道用户谈论的是哪个朋友：

```julia
friend_index = friend_index[1]
if length(lent[friend_index]) == 0
    println("You haven't given anything to $(friend_name) ")
    continue
end
println("This is what you gave to $(friend_name) :")
for item in lent[friend_index]
```

```
        println(item)
    end
```

上述代码将会找到用户提供的名字首次出现的位置，并检查用户是否借给该朋友东西。如果有，则打印出用户提供的每个物品；如果没有，则继续（这同样意味着"进入下一轮迭代"）。

在此代码之后，请输入：

```
print("What did you take back from $(friend_name)?")
item_name = readline()
item_index = findall(x -> x == item_name, lent[friend_index])
if length(item_index) == 0
    println("Sorry, I didn't find that item.")
    continue
else
    item_index = item_index[1]
    deleteat!(lent[friend_index], item_index)
    println("Alright, I'll remember that you took $(item_name)
⇨     from $(friend_name).")
end
```

我相信你能够理解这段代码的作用，它会询问用户从他的朋友那里取回了什么东西。如果能找到该物品，则将它从数组中删除，并让用户知道已完成；如果没有，则继续。

这就是你为"收回"行动所要做的一切！现在让我们实现"借出"——else-if 块，它会在用户将物品借给朋友时执行。这次，让我先给出全部代码块：

```
println("These are your friends:")
for friend in friends
    println(friend)
end
print("Which friend did you lend to?")
friend_name = readline()
friend_index = findall(x -> x == friend_name, friends)
```

```
if length(friend_index) == 0
    println("Sorry, I didn't find that friend.")
    continue
else
    friend_index = friend_index[1]
    print("What did you lend to $(friend_name)?")
    item_name = readline()
    push!(lent[friend_index], item_name)
    println("Got it! You lent $(item_name) to $(friend_name).")
end
```

你应该可以理解上述代码的作用,以下是这部分代码的指令列表:

① 向用户显示其朋友;

② 询问用户向哪些好友借出了物品;

③ 如果输入的好友名是无效的,则给出用户提示并继续;

④ 如果输入的好友名是有效的,则询问用户向好友借出了什么物品;

⑤ 在数组中将用户借出的物品记录下来,并打印确认消息。

最后,让我们实现 newfriend 块,这个块非常简单:

```
print("Who's your new friend?")
friend_name = readline()
push!(friends, friend_name)
push!(lent, [])
```

好了! 你已经使用 Julia 成功创建了到目前为止最复杂的应用程序。

最终的代码应该是这样的:

```
friends = ["Dan", "Richard", "Craig"]
lent = [[], ["Book: Ender's Game", "2 dollars"], ["Calculator"]]
while true
    print("What did you do?(choices:give/takeback/newfriend/
    ⇨  quit): ")
user_action = readline()
```

```julia
    if user_action == "quit"
        break
    end
    if user_action == "takeback"
        println("These are your friends:")
        for friend in friends
            println(friend)
        end
        print("Which friend did you lend to?")
        friend_name = readline()
        friend_index = findall(x -> x == friend_name, friends)
        if length(friend_index) == 0
            println("Sorry, I didn't find that friend.")
            continue
        else
            friend_index = friend_index[1]
            if length(lent[friend_index]) == 0
                println("You haven't given anything to
    ⇨        $(friend_name)")
                continue
            end
            println("This is what you gave to $(friend_name):")
            for item in lent[friend_index]
                println(item)
            end
            print("What did you take back from
    ⇨        $(friend_name)?")
            item_name = readline()
            item_index = findall(x -> x == item_name,
    ⇨        lent[friend_index])
            if length(item_index) == 0
                println("Sorry, I didn't find that item.")
                continue
            else
                item_index = item_index[1]
                deleteat!(lent[friend_index], item_index)
                println("Alright, I'll remember that you took
    ⇨        $(item_name) from $(friend_name).")
            end
```

```
        end
    elseif user_action == "give"
        println("These are your friends:")
        for friend in friends
            println(friend)
        end
        print("Which friend did you lend to?")
        friend_name = readline()
        friend_index = findall(x -> x == friend_name, friends)
        if length(friend_index) == 0
            println("Sorry, I didn't find that friend.")
            continue
        else
            friend_index = friend_index[1]
            print("What did you lend to $(friend_name)?")
            item_name = readline()
            push!(lent[friend_index], item_name)
            println("Got it! You lent $(item_name) to
            ⇨  $(friend_name).")
        end
    elseif user_action == "newfriend"
        print("Who's your new friend?")
        friend_name = readline()
        push!(friends, friend_name)
        push!(lent, [])
    else
        println("Sorry, I didn't understand that.
        ⇨  (Valid choices: give/takeback/newfriend):")
    end
end
println("\nbye...")
```

如果运行上述代码，则可以这样与它交互：

```
What did you do? give
These are your friends:
Dan
Richard
Craig
```

```
Which friend did you lend to? Dan
What did you lend to Dan? Soda
Got it! You lent Soda to Dan.
What did you do? takeback
These are your friends:
Dan
Richard
Craig
Which friend did you lend to? Richard
This is what you gave to Richard:
Book: Ender's Game
2 dollars
What did you take back from Richard? Book: Ender's Game
Alright, I'll remember that you took Book: Ender's Game from
⇨　Richard.
What did you do? newfriend
Who's your new friend? Danny
What did you do? quit
bye. . .
```

在任何时候，只要用户输入 quit 并按下 Enter 键，程序就会对你说
bye 并结束。

刚刚实现的内容绝对非常令人兴奋，但我们在这里采取了一个不太
好的做法：有两个数组，一个数组中的每个元素都对应于另一个数组中
的另一个元素。这样做虽然可以使程序工作，我们的实现也没有什么重
大的错误或漏洞，但将来如果项目规模变得较大，那么这类代码就会很
难维护、理解和修复了。

这就是字典出现的理由。

## 4.4　字典及其优点

字典可以将值与值关联起来。不过，在开始使用字典进行编程之
前，让我们先从你已经知道的字典的内容开始。

你以前可能见过并使用过语言字典，如 dictionary.com 或《牛津英语字典》。在这些字典中，有这样的关系：

| 词 | 含　义 |
|---|---|
| Air | 氮气、二氧化碳、氧气和其他气体的混合物，环绕着地球，形成大气层 |
| Food | 生物在饥饿时吃的任何物质，以供其身体生长、修复和保养 |
| Mail | 信件、包裹等。通过邮政系统从一方发送或交付给另一方 |
| Refine | 让一些东西变得更好、更纯净 |

这些词可能有多种含义，但为了保证本示例的简单性，我们暂时忽略这一点。

现在，请快速想象一下，将单词的含义存储在数组中：

```
word_meanings = ["a mixture of gases that forms our atmosphere",
"substances that living being eat for growth, repair, and
maintenance of their bodies", "letters and packages that are
sent or delivered", "to make something better and purer"]
```

此数组中有 4 项，每项都有一个索引，第一项索引为 1，第二项索引为 2，第三项索引为 3，以此类推。

在这个例子中，索引是每个元素的键（key）。要想获取第 4 项的含义，需要请求数组提供索引 4 处的元素。换句话说，你会询问数组哪个元素的键为 4。你可以这样做：

```
println(word_meanings[4])
```

现在，不是提取（refine）4 的含义，4 是它在数组中的位置，想象一下，如果键是 refine 本身，你就可以这样访问这个词的含义：

```
println(word_meanings["refine"])
```

这真是太棒了！这正是你可以做的，不是使用数组，而是使用类似的概念,这就称为字典,你可以为你的值自定义键。

## 4.5　创建和使用字典

要想进一步使用字典,需要从如何创建字典开始学习。下面有一个例子:

```
word_meanings = Dict{String, String}("air" => "a mixture of
gases that forms our atmosphere", "food" => "substances that
living beings eat for growth, repair, and maintenance of their
bodies", "mail" => "letters and packages that are sent or
delivered", "refine" => "to make something better or purer")
```

好了! 这就是创建一个字典所需的全部内容。要想了解如何工作,还需要将其分为以下部分:

分解图

```
word_meanings = Dict{String, String}("air" => "a mixture of
gases that forms our atmosphere", "food" => "substances that
living beings eat for growth, repair, and maintenance of their
bodies", "mail" => "letters and packages that are sent or
delivered", "refine" => "to make something better or purer")
```

① 黄色。告诉 Julia"我们将创建一个字典"。

② 红色。告诉 Julia 键和值都是字符串类型。

③ 绿色。字典中项的键。

④ 紫色。操作符,使用它可以将左边的键与右边的项关联起来。

⑤ 蓝色。和键关联的项。

与数组不同,字典是没有顺序的,因此每次打印字典时都可以看到键和值的顺序均不同。当然,每个键/值对都是保持不变的。

现在你已经在一个被称为字典的结构中获取了单词及其定义,你可以继续学习更多关于字典的内容。让我们来看看如何使用代码从键中获取定义：

```
println(word_meanings["air"])
```

输出应该为

```
a mixture of gases that forms our atmosphere
```

好了，你可以访问单词及其各自的定义，但是如果你只想要一个单词数组呢？请记住，每个词都是一个键，每个定义都是一个值。因此，要想获取字典中的所有键，只需要将其送入 keys 函数中：

```
println(keys(word_meanings))
```

输出应该为

```
["air", "food", "mail", "refine"]
```

请记住，返回的键的顺序可能会有所不同，这是因为字典本身是无序的。

在数组中，可以通过调用 push 函数向其结尾添加新的值。使用字典可以通过如下设置添加新的键/值对：

```
word_meanings["card"] = "a rectangular piece of plastic or
⇨   thick paper"
```

如果要删除一个键/值对，则可以使用和数组中相同的 deleteat 函数：

```
deleteat!(word_meanings, "air")
```

这一行代码可以从字典中删除单词 air 及其对应的含义。

你还可以定义更复杂的字典。例如，定义类型为字符串的键和类型为整数的值：

```
test_scores = Dict{String, Array{Int64}}("Robert" => [89, 79,
⇨   97, 85], "Griffin" => [60, 76, 80, 73])
```

当然，你也可以遍历字典，但是方法略有不同。请记住，一个键/值对实际上是两个值，而不是一个值，因此在 for 循环中不是一个迭代器变量，而是两个：

```
for (person_name, scores) in test_scores
    println("Average score for $(person_name) is $(sum(scores)
    ⇨  / length(scores))")
end
```

这段代码将打印 Robert 和 Griffin 的测试平均分。在每次数组迭代中，person_name 变量包含人名，scores 变量包含一个测试分数数组。

## 4.6　使用字典构建借物应用程序

现在，让我们应用字典实现前面的一个例子——使用字典管理借给朋友的物品。以下是新代码，其中突出显示了所有更新的代码：

```
lent = Dict{String, Array{String}}("Dan" => [], "Richard" =>
    ⇨  ["Book: Ender's Game", "2 dollars"], "Craig" =>
    ⇨  ["Calculator"])
while true
    print("What did you do? Valid actions:(newfriend/takeback/
    ⇨  give/quit): ")
    user_action = readline()
    if user_action == "quit"
        break;
    end
    if user_action == "takeback"
        println("These are your friends:")
        for friend in keys(lent)
            println(friend)
```

```
end
print("Which friend did you lend to?")
friend_name = readline()
if !(friend_name in keys(lent))
    println("Sorry, I didn't find that friend.")
    continue
else
    if length(lent[friend_name]) == 0
        println("You haven't given anything to
        ⇨ $(friend_name)")
        continue
    end
    println("This is what you gave to $(friend_name):")
    for item in lent[friend_name]
        println(item)
    end
    print("What did you take back from
    ⇨ $(friend_name)?")
    item_name = readline()
    item_index = findall(x -> x == item_name,
    ⇨ lent[friend_name])
    if length(item_index) == 0
        println("Sorry, I didn't find that item.")
        continue
    else
        item_index = item_index[1]
        deleteat!(lent[friend_name], item_index)
        println("Alright, I'll remember that you took
        ⇨ $(item_name) from $(friend_name).")
    end
```

```
        end
    elseif user_action == "give"
        println("These are your friends:")
        for friend in keys(lent)
            println(friend)
        end
        print("Which friend did you lend to?")
        friend_name = readline()
        if !(friend_name in keys(lent))
            println("Sorry, I didn't find that friend.")
            continue
        else
            print("What did you lend to $(friend_name)?")
            item_name = readline()
            push!(lent[friend_name], item_name)
            println("Got it! You lent $(item_name) to
        ⇨    $(friend_name).")
        end
    elseif user_action == "newfriend"
        print("Who's your new friend?")
        friend_name = readline()
        lent[friend_name] = []
    else
        println("Sorry, I didn't understand that.
        ⇨  Valid actions:(newfriend/takeback/give/quit): ")
    end
end
println("bye...")
```

以上这些是需要做的所有更改，我们将所有双数组操作都改为字典操作。现在，代码的可读性更好，因此更容易维护和修复内部的问题。

## 4.7 Julia 中一些重要的函数

你已经成功学习了如何使用复杂的数组和字典,还构建了示例应用程序。在结束本章之前,我要为你演示 Julia 提供的一些函数,你将看到的只是其中的一些重要函数。当然还有很多函数,但是要将这数百个函数写进一本书籍中是不现实的(这就是 Julia 文档存在的原因)。以下是一些在你接下来的学习旅程中非常有用的函数。

(1) split 函数

split 函数可以帮你将一个字符串分割成一个字符串数组。例如,有一个包含朋友名的字符串

```
my_friends = "Tanmay, Lisa, Renee, Troy"
```

如果要将此字符串分割为数组,则可以简单地使用 split 函数用分隔符分隔该字符串。在该例中,分隔符为",·"(逗号+空格),用于分隔字符串中不同的元素。下面是使用该函数的示例:

```
my_friends_arr = split(my_friends, ", ")
println(my_friends_arr)
```

其输出为

```
SubString{String}["Tanmay", "Lisa", "Renee", "Troy"]
```

如你所见,它现在已被拆分成了一个列表。你也可以利用该函数传递一个空字符串作为分隔符以获取字符串中的所有字符:

```
my_friends_characters = split(my_friends, "")
println(my_friends_characters)
```

你应该会看到:

```
SubString{String}["T", "a", "n", "m", "a", "y", ",", " ", "L",
⇨    "i", "s", "a", ",", " ", "R", "e", "n", "e", "e", ",",
⇨    " ", "T", "r", "o", "y"]
```

（2）**join** 函数

join 函数本质上是 split 函数的逆函数，它可以帮助你将值数组连接成一个值，并在值之间使用分隔符。例如，假设你有一个这样的朋友数组：

```
my_friends = ["Dorothy", "Jane", "Steve", "Vladimir"]
```

不用直接打印数组中的元素项，你可以将元素连接在一起：

```
my_friends_string = join(my_friends, ", ")
println(my_friends_string)
```

你应该会看到输出：

```
Dorothy, Jane, Steve, Vladimir
```

这真是太棒了！你还可以使用它连接一堆没有分隔符的字符串，例如：

```
list_of_strings = ["a", "b", "c", "d"]
println(join(list_of_strings, ""))
```

你应该会看到：

```
abcd
```

（3）**collect** 函数

collect 函数可以帮助你获取表示数据序列的值，并将这些值实现到实际数组中。例如，让我们来看看下面这个 for 循环：

```
for iteration in 1:10
    println(iteration)
end
```

具体来说，看看第 1 行的最后部分：

```
1:10
```

这被称为范围,它告诉 Julia 生成一个从 1 到 10 的值序列。但是,如果你使用以下代码:

```
println(1:10)
```

你将会看到:

```
1:10
```

这是不是很有趣?因为这是动态计算的,所以当 for 循环开始时,在第一次迭代中请求范围值时它会返回一个 1。在第二次迭代中,当 for 循环发出请求时,范围值会返回一个 2。这种情况会一直持续到范围值表示"不再有数字,抱歉!"时令 for 循环结束。但是,对于数组,所有值都要预先计算。

为了将 1：10 表示的范围转换为值数组,你可以使用 collect 函数:

```
println(collect(1:10))
```

现在,你应该会看到这样的输出:

```
[1, 2, 3, 4, 5, 6, 7, 8, 9, 10]
```

这就更好了!请记住,Julia 总会让你感到惊讶。如果你曾经使用过其他编程语言,那么以下内容可能会让你感到惊讶。

如第 2 章所述,字符(非字符串)在技术上作为数值存储,以字符显示,这意味着你还可以生成以下字符的范围:

```
println(collect('a':'z'))
```

你应该会看到:

```
['a', 'b', 'c', 'd', 'e', 'f', 'g', 'h', 'i', 'j', 'k', 'l',
'm', 'n', 'o', 'p', 'q', 'r', 's', 't', 'u', 'v', 'w', 'x',
```

```
'y', 'z']
```

这就是你需要知道的关于数组和字典的所有内容,以方便理解接下来的章节。接下来,让我们开始了解如何重用代码并使程序效率变得更高,以实现更多的目标。

## 强化练习

1. 创建一个提示用户生成整型数组的程序,然后遍历该数组以找到最小值和最大值。

2. 使用数组或字典构建一个程序,实现从千米到毫米之间任意两个公制单位的转换。例如:

$$1.5 \ 千米 = (1500) \ 米$$

$$300 \ 毫米 = (3) \ 分米$$

该程序应该能够计算出圆括号中的数。

3. 使用数组存储 2018 年三家玩具商店六个月的销量数据。

| 商店 | 玩具销量 | | | | | | |
|---|---|---|---|---|---|---|---|
| | 一月 | 二月 | 三月 | 四月 | 五月 | 六月 | 总计 |
| 商店 1 | 1023 | 942 | 1600 | 1200 | 1090 | 841 | |
| 商店 2 | 946 | 765 | 890 | 1124 | 993 | 964 | |
| 商店 3 | 1200 | 1165 | 1078 | 1108 | 1212 | 1099 | |
| 总计 | | | | | | | |

修改前面的程序,计算"总计"中空白单元格的值,即最后一行和最后一列的值。

4. 编写一个程序,提示用户在数组中填入 10 个元素,然后将它们按升序显示。

# 第 5 章

# 函数

很高兴看到你结束了第 1 级的学习。从本章开始,你将学习更高级的内容,包括处理错误、包管理、机器学习。

在本章中,你将学习:

- 什么是函数(functions),如何使用函数;
- 函数是如何帮助用户减少错误,方便代码理解与维护的;
- 声明和调用函数;
- 具有返回值的函数;
- 具有可选关键字参数的函数;
- 在数组上应用函数;
- 通用函数;
- 递归地使用函数。

编写函数是所有编程语言最重要的特性,它有助于模块化我们创建的应用程序,使我们可以在需要进行修改和升级时回到那里。

## 5.1　函数及其使用

在进入下一级之前，你首先要了解一个基本概念——函数。编程中的函数是为完成一项任务或解决一个问题而编写的一组指令。函数会被命名，使得你可以任意多次地调用它们，并让它们执行程序中的任务；通过函数可以在整个程序中重用代码。例如，参考第 4 章构建的应用程序，它可以使你掌握借给朋友的所有物品的信息。

## 5.2　函数有助于减少错误，方便代码维护

请回忆一下，在第 4 章中，我们首先使用数组创建了一个应用程序，然后将其修改为使用字典运行。如果你仔细查看"借出"和"收回"的代码块，就会发现我们重复了前几行代码以询问用户谈论的是哪个朋友。这样做是有问题的，主要原因是会导致不可维护或不可扩展。我知道这是目前为止你编写的规模最大的应用程序，但你还会编写规模更大的应用程序。如果你要在所有应用程序中都重复这样的代码，那么你的编程之旅将不会走得太远。

想象一下，若要对这段代码做一个小小的改动，那么你就必须在很多地方做出修改！这正是函数旨在解决的问题，函数允许你封装或捆绑代码块，并在代码中的其他地方引用或调用这些代码块。

在继续之前，我要向你展示一个函数的简单示例。假设你希望构建一个应用程序，要求用户输入包含三条信息的一个列表：

① 谁是你最好的朋友；

② 谁是你的朋友；

③ 你不喜欢谁。

在这里，假设你可能有不止一个最好的朋友。每个字段都可以有任意数量的输入，因此，你当然需要使用数组。根据目前为止学到的知识，你可能会编写这样的代码：

```
println("Who are your best friends?")
best_friends = []
while true
    print("Name: ")
    user_input = readline()
    if user_input == "done"
        break
    end
    push!(best_friends, user_input)
end
println("Who are your friends? ")
friends = []
while true
    print("Name: ")
    user_input = readline()
    if user_input == "done"
        break
    end
    push!(friends, user_input)
end
println("Who do you not like? ")
not_friends = []
while true
    print("Name: ")
    user_input = readline()
    if user_input == "done"
        break
    end
    push!(not_friends, user_input)
end
```

这看起来代码量确实很少，但重复性非常高。尽管如此，它确实有效，如果你要运行它，你可以这样与它交互：

```
Who are your best friends?
Name: Patrick
Name: Anna
Name: done
Who are your friends?
Name: Frank
Name: Jane
Name: done
Who do you not like?
Name: done
```

就这样，你有了 3 个数组，best_friends 数组包含

```
["Patrick", "Anna"]
```

friends 数组包含

```
["Frank", "Jane"]
```

而 not_friends 数组为空。

下面我将展示如何使用函数优化该示例，将代码行减少 2/3！但在此之前，你先要理解函数的基本概念。为此，让我们从示例中获取帮助。

## 5.3　声明和调用函数

假设你要创建一个代码块，它可以获取一个整数并显示该数字加 1 后的值。使用 Julia 可以这样做：

```
function add_one(original_number::Int64)
    println(original_number + 1)
end
```

哇！这是一个函数！让我们从第 1 行开始分解代码，我们将这行称

为函数声明行：

```
function add_one(original_number::Int64)
```

| 代码成分 | 作　　用 |
|---|---|
| function | 第一个关键字告诉 Julia 要创建一个函数，它是 Julia 中的一个保留字，这意味着你不能将它用于任何其他目的，比如命名你的变量，你只能使用它开始声明你的函数 |
| add_one | 在本例中，这告诉 Julia 函数的名称是 add_one，但它可能是任何东西。任何一个有效的变量名都可以是函数的名称，例如 calc_area、find_least_number、squareOf |
| original_number | 这是一个由你决定的变量名，被称为参数，一个函数可能没有参数或有一个或多个参数。你将用这个名称引用你在函数的代码中获得的值 |
| ::Int64 | "::"部分的意思是"...的类型"，其后面是 Int64，它指定了函数接收的变量的类型，它们（original_number::Int64）可以被读作"函数接收一个 Int64 类型的名为 original_number 的参数" |

从第 1 行代码之后输入的所有代码直到与第 1 行对应（或匹配）的 end 关键字都是函数的一部分。在本例中，在第 1 行和 end 关键字（第 3 行代码）之间只有一行代码。

该函数内的所有代码行都可以访问传递给该函数的参数。例如，如果你查看第 2 行代码：

```
println(original_number + 1)
```

虽然我们尚未设置 original_number 的值，但你仍然可以像访问任何整数一样访问它。这是因为当函数被调用时，original_number 将会被填充一个值，然后函数内部的代码将被运行，一旦遇到 end 关键字，original_number 变量将被删除，我们就会立即回到开始处。

现在，运行你的代码，这令人非常兴奋！但是……什么都没有发生，它什么也不打印。你知道这是为什么吗？

这是因为我们已经定义了一个代码块,它应该接收一些输入,并对该输入进行操作。但是,我们从未对该函数进行任何输入。

因此,在函数的末尾,请输入以下代码:

```
add_one(3)
```

现在,在运行代码时,应该会看到以下输出:

```
4
```

非常棒!但是请稍等,在函数的第 2 行,我们访问 original_number 变量并对其加 1,但我们不会将此新值存储回 original_number 变量中,这意味着该变量的值没有改变。所以,如果要打印 original_number,我们应该会看到 3,对吧?在这行代码之后:

```
add_one(3)
```

输入以下代码:

```
println(original_number)
```

非常棒!继续运行你的程序,你应该会看到这样的输出:

```
ERROR: LoadError: UndefVarError: original_number not defined
Stacktrace:
 [1] top-level scope at none:0
 [2] include at ./boot.jl:326 [inlined]
 [3] include_relative(::Module, ::String) at ./loading.jl:1038
 [4] include(::Module, ::String) at ./sysimg.jl:29
 [5] exec_options(::Base.JLOptions) at ./client.jl:267
 [6] _start() at ./client.jl:436
```

等等,这是什么?出现了错误,为什么会是这样呢?

还记得我提到过这个变量在 end 关键字后被删除了吗?这就是出现这个错误的原因。我们试图打印一个不存在的变量,但它"超出了作用域"。让我来解释一下。

看看以下代码：

```
1    function add_one(original_number::Int64)
2        ...
3        ...
.        ...
.        println(original_number)
.        ...
98       ...
99       ...
100  end

add_one(3)
println(original_number)
```

唯一可以访问 original_number 变量的代码行是 function 关键字与其对应的 end 行之间的代码行。假设这是一个包含 100 行代码的程序，可以在第 2～99 行中使用函数。当函数结束时之所以无法访问该变量，是因为该变量是局部变量。

这应该具有相同的输出：

```
function add_one(original_number::Int64)
    added_number = original_number + 1
    println(added_number)
end
add_one(3)
println(added_number)
```

代码的行为应该相同，它将打印一个 4，但仍然会给出一个错误提示。

你可能会问："我们并非打印函数的参数，而是打印一个变量，为什么仍然会提示错误？"这是因为我们在函数内部定义了这个变量，当函数结束时，函数内部的所有声明都将不复存在，数据可以流入（通过参数），但无法输出。

## 5.4　具有返回值的函数

只接收输入的函数很简单,我们还希望函数能够处理我们输入的数据,然后返回处理结果。所以这次我们不让函数加 1 并打印出值,而是让它加 1 并返回值,然后在函数外打印出值。

输入以下代码:

```
function add_one(original_number::Int64)::Int64
    return original_number + 1
end
```

你可能会立即注意到第 1 行中的不同:在函数声明的末尾,我们添加了::Int64。这会告诉 Julia,这个函数将返回一个 Int64 类型的值。换句话说,当有人使用该函数时,其值将始终被解析为一个整数。

现在,你可以像过去使用其他函数一样使用该函数。例如:

```
println(add_one(3))
```

请注意,调用 add_one 本身就是一个表达式,而该表达式将解析为一个整数,然后将该整数传递给 println,最终结果会被打印到屏幕上。所以,如果运行该应用程序,应该会看到输出为

```
4
```

你也可以通过使用以下变量进行打印:

```
input = 10
result = add_one(input)
println(result)
```

这将会打印出

11

因此，一开始看起来复杂难懂的函数，现在已经被揭开了神秘面纱，现在你也知道如何使用它们了。但要真正理解函数的工作原理，我们还必须构建一些功能更强大的程序。让我们看看第一个例子，请注意，这是我们原来的代码：

```
println("Who are your best friends?")
best_friends = []
while true
    print("Name: ")
    user_input = readline()
    if user_input == "done"
        break
    end
    push!(best_friends, user_input)
end
println("Who are your friends? ")
friends = []
while true
    print("Name: ")
    user_input = readline()
    if user_input == "done"
        break
    end
    push!(friends, user_input)
end
println("Who do you not like? ")
not_friends = []
while true
    print("Name: ")
    user_input = readline()
    if user_input == "done"
        break
    end
    push!(not_friends, user_input)
end
```

首先，让我们找出重复的代码（本例中非常简单）：

```julia
println("Who are your best friends?")
best_friends = []
while true
    print("Name: ")
    user_input = readline()
    if user_input == "done"
        break
    end
    push!(best_friends, user_input)
end
println("Who are your friends? ")
friends = []
while true
    print("Name: ")
    user_input = readline()
    if user_input == "done"
        break
    end
    push!(friends, user_input)
end
println("Who do you not like? ")
not_friends = []
while true
    print("Name: ")
    user_input = readline()
    if user_input == "done"
        break
    end
    push!(not_friends, user_input)
end
```

好了，我们已经确定了要封装在一个函数中的模式了，以下就是它所做的事情：

① 创建一个空数组（字符串类型）；

② 创建一个无限循环；

③ 在每次迭代中,它都会从用户那里获取一些一定提示下的输入。在本例中,提示符为 Name:;

④ 如果用户输入 done,则跳出循环;

⑤ 如果用户未输入 done,则将用户输入存入①创建的数组中。

此代码块的返回值是①创建的数组。以下是函数中的内容:

```julia
function list_of_inputs(prompt::String)::Array{String}
    input_list::Array{String} = []
    while true
        print(prompt)
        user_input = readline()
        if user_input == "done"
            break
        end
        push!(input_list, user_input)
    end
    return input_list
end
```

这是你使用 Julia 构建的第一个大型函数。有件事我要强调一下,我们在代码的第 2 行,即创建数组时明确地告诉了 Julia 我们正在创建什么类型的数组。

```julia
input_list::Array{String} = []
```

事实上,这并不是必需的,建议不要这样做。不过,这并不是我想说的问题;我想说的问题是:为什么在前面没有函数时我们没有这样做。

这是由于一个简单的原因:还记得在第 2 章"变量的类型"一节中我们在强制限定一个变量的类型时,Julia 抛出了一个错误吗? 以下是导致该错误的代码:

```julia
number1::Int64 = 52
```

这是因为该变量是全局变量,而 Julia 不支持对全局变量执行类型强制限定。

全局变量表示程序中的所有函数和其他作用域都可以访问该变量。例如，假设有以下代码：

```
1   a = 10
2
3   function do_something()
4       println("I did something!")
5       println("When printed inside the function a is:")
6       println(a)
7       println("Now changing its value to 5 inside function.")
8       global a = 5
9   end
10
11  do_something()
12  println("When printed outside of function a is:")
13  println(a)
```

本例中的变量 a 在全局作用域内，这就是为什么即使函数没有任何参数，我们仍然可以从函数中访问它。请注意，第 6 行可以正常获取该全局变量的值，但是第 8 行则要设置其值需要在变量名之前使用 global 关键字。这样做是为了明确地告诉 Julia 我们引用的是全局变量 a，而不是任何局部变量。

上述代码的输出应为

```
I did something!
When printed inside the function a is:
10
Now changing its value to 5 inside function.
When printed outside of function a is:
5
```

不仅函数有自己的作用域，所有代码块都有自己的作用域。例如，如果你运行以下代码：

```
for iteration_num in 1:5
    println(iteration_num)
end
println(iteration_num)
```

你会看到从 1 到 5 的数字被打印到屏幕上，然后会出现一个错误，这是因为你试图从定义 iteration_num 的代码块外部打印 iteration_num 而造成的。

让我们回到获取用户输入列表的最初示例中。有以下函数：

```
function list_of_inputs(prompt::String)::Array{String}
    input_list::Array{String} = []
    while true
        print(prompt)
        user_input = readline()
        if user_input == "done"
            break
        end
        push!(input_list, user_input)
    end
    return input_list
end
```

现在让我们这样使用这个函数：

```
println("Who are your best friends?")
best_friends = list_of_inputs("Name: ")

println("Who are your friends? ")
friends = list_of_inputs("Name: ")

println("Who do you not like? ")
not_friends = list_of_inputs("Name: ")
```

现在，你已将本章开头处的代码量减少为原来的三分之一，现在，如果要更改获取输入的逻辑，只需要在一处进行更改即可，而不是像原来那样修改三处。

但还有一个问题,该函数没有处理"Who do you not like?"这样的提示。让我们来处理这个问题,但要想做到这一点,函数需要多个输入参数。

输入参数用逗号分隔,如下所示:

```julia
function list_of_inputs(title::String,
    prompt::String)::Array{String}
    println(title)
    input_list::Array{String} = []
    while true
        print(prompt)
        user_input = readline()
        if user_input == "done"
            break
        end
        push!(input_list, user_input)
    end
    return input_list
end
```

该函数的功能和以前唯一的区别是获取了一个额外的参数,即 title,并且在函数的第 1 行打印了这个 title。

现在我们只需要通过以下代码获取输入:

```julia
best_friends = list_of_inputs("Who are your best friends? ",
    "Name: ")
friends = list_of_inputs("Who are your friends? ", "Name: ")
not_friends = list_of_inputs("Who do you not like? ", "Name: ")
```

哇!看看这段代码的整洁度。为了使代码更有趣,让我们再添加一些限制。例如,你最多只能有两个最好的朋友,必须至少有一个朋友,并且对那些没有朋友的人没有任何限制。

为此,我们需要首先更改函数声明,以包含额外的参数:

```julia
function list_of_inputs(title::String, prompt::String,
```

```
⇨   minimum::Int64, maximum::Int64)::Array{String}
```

现在,在 if user_input＝＝done 块中,用以下代码替换 break 关键字:

```
if minimum != nothing
    if length(input_list) < minimum
        println("You must provide $(minimum) values minimum.")
        continue
    else
        break
    end
else
    break
end
```

其说明如下。

① 检查用户是否提供了最小元素数的值。在 Julia 中,有一个关键字 nothing,正如名字描述的那样,它表示什么也没有,甚至没有 0,也没有空格。如果将 nothing 作为值传递给 minimum,这就意味着没有最小界限。

② 如果用户提供了最小元素数的值,则检查该用户是否符合前面的限制条件。如果是,则执行 break;否则让用户知道他需要符合条件,并在跳过此迭代后继续循环。

③ 如果用户没有提供最小元素数的值,则退出循环。

好了! 现在让我们实现最大边界。在存入数组的代码行之前添加另一条 if 语句:

```
if maximum != nothing
    if length(user_input) == maximum
        break
    end
end
```

如果给出了这个参数，则可以确保循环以给出函数的最大值结束。

现在你的函数看起来应该是这样的：

```julia
function list_of_inputs(title::String, prompt::String,
    ⇨  minimum::Int64, maximum::Int64)::Array{String}
    println(title)
    input_list::Array{String} = []
    while true
        print(prompt)
        user_input = readline()
        if user_input == "done"
            if minimum != nothing
                if length(input_list) < minimum
                    println("You must provide $(minimum) values
                    ⇨  a minimum.")
                    continue
                else
                    break
                end
            else
                break
            end
        end
        if maximum != nothing
            if length(user_input) == maximum
                break
            end
        end
        push!(input_list, user_input)
    end
    return input_list
end
```

还不错，不是吗？现在你的函数调用应该是这样的：

```julia
best_friends = list_of_inputs("Who are your best friends? ",
⇨  "Name: ", nothing, 2)
```

```
friends = list_of_inputs("Who are your friends?", "Name: ", 1,
⇨   nothing)

not_friends = list_of_inputs("Who do you not like?", "Name: ",
⇨   nothing, nothing)
```

非常棒！我们现在正在执行最小值和最大值。

## 5.5　具有可选关键字参数的函数

这比本章开头的代码干净得多,但当我们不想执行最小或最大界限时,nothing 看起来有点不太舒服,我们怎么才能避免呢?

因为我们希望将两个参数可选的包含在函数调用中,这意味着它们也是无序的。事实上,可以在最小边界之前调用具有最大边界的函数,它仍然是可以工作的。

在函数声明中,对这类无序参数有一个特殊规定,称为关键字参数(keyword arguments)。这些参数出现在一个分号之后,你还可以提供具有默认值的参数,例如:

```
function list_of_inputs(title::String, prompt::String;
⇨   minimum = nothing, maximum = nothing)::Array{String}
```

| 代码成分 | 作　　用 |
|---|---|
| ; | 告诉 Julia 其后的参数排列顺序可以是任意的。 |
| = nothing | 这些都是参数的默认值。这告诉 Julia,如果用户没有使用最小和最大值参数调用函数,那么就假设它们是 nothing。当用户提供了一个 nothing 值,就不能强制执行其类型。因此,已将::Int64 删除 |

我们可以这样调用函数:

```
best_friends = list_of_inputs("Who are your best friends?",
```

```
⇨    "Name: ", maximum = 2)

friends = list_of_inputs("Who are your friends?", "Name: ",
⇨    minimum = 1)

not_friends = list_of_inputs("Who do you not like?", "Name: ")
```

如你所见，对于可选参数 minimum 和 maximum，必须在提供值时指定参数名称。这段代码现在看起来更干净了！

现在你已经学会了如何使用函数，让我们继续构建一个使用函数的新应用程序，该应用程序不仅能帮助你进一步了解函数，还有助于你完成数学作业！我们将构建一个应用程序以计算三角形的面积。

首先，让我们来看看计算三角形面积的经典方法。假设有这样一个三角形（图 5.1）。

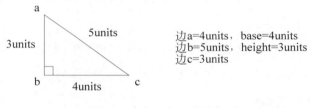

图 5.1　直角三角形的边长

计算三角形面积非常简单，将底和高相乘并除以 2：

```
area = (b * h) / 2
```

代入上图三角形的值，其中底为 4units，高为 3units，可以得到

```
area = (4 * 3) / 2
area = 6
```

面积为 6 平方 units。

要想使用这个公式，必须先知道三角形的底和高。但是如果三角形不是直角三角形，我们只知道边长，那么就会变得更加困难。在这种情

况下,你可以使用海伦公式(Heron formula)。让我们看一下图 5.1 中的三角形示例。

从图中可知,边长分别为 4、5 和 3units。为了计算面积,我们将采用以下两步。

① 确定半周长。我们已经知道,任何形状的周长都是其轮廓的总长度。半周长是周长的一半,因此,如果

```
side_a = 4 units
side_b = 5 units
side_c = 3 units
```

则半周长(sp)可计算为

```
sp = (side_a + side_b + side_c) / 2
sp = (4 + 5 + 3) / 2
sp = 6 units
```

② 将 sp、side_a、side_b 和 side_c 的值代入海伦公式,即可确定三角形的面积,即

$$area = \sqrt{sp * (sp - side\_a) * (sp - side\_b) * (sp - side\_c)}$$

我知道,这可能看起来很复杂,但你不需要知道它是如何工作的。你需要知道的是,当三角形的底和高都不知道时,这样确实能够成功计算出任意三角形的面积,是一个简单的解决思路。再让我们看看代入刚才的三角形的值会发生什么:

```
area = sqrt(6 * (6 - 4) * (6 - 5) * (6 - 3))
area = sqrt(36)
area = 6.0
```

> 备注:sqrt 是 Julia 提供的一个计算平方根的函数。

使用海伦公式得到了同一三角形的面积也是 6 平方 units,这进一

步证明了可以使用海伦公式计算三角形的面积。

好了！我们得到了三角形的面积。现在让我们尝试在 Julia 中实现这两个函数，我们先从经典方法开始：

```julia
function classic_triangle_area(base::Float64,
    ⇨  height::Float64)::Float64
    print("finding area of triangle with base=$(base), and
    ⇨  height=$(height) units...")
    return (base * height) / 2
end
```

这就是你需要的一切！如果这样运行函数：

```julia
println(classic_triangle_area(4.0, 3.0))
```

你将得到

```
finding area of triangle with base=4, and height=3 units...
6.0
```

你可以通过修改前面的 println 函数进行格式化：

```julia
println("area is: $(classic_triangle_area(4.0, 3.0)) square
    ⇨  units")
```

应该会得到

```
finding area of triangle with base=4, and height=3 units...
area is: 6.0 square units
```

但当我们调用函数时要指定哪个变量为底，哪个变量为高呢？你需要做的就是：

```julia
function classic_triangle_area(;base::Float64,
    ⇨  height::Float64)::Float64
    return (base * height) / 2
end
```

一开始你可能没有看出什么区别,所以我要强调一下,注意在开头括号后面的一个分号(;)。请记住,此分号之后的所有参数都是关键字参数,这意味着可以按任意顺序指定它们,但必须告诉函数这是哪个参数。

现在,你可以这样写:

```
println(classic_triangle_area(base=5.0, height=3.0))
```

甚至这样写:

```
println(classic_triangle_area(height=3.0, base=5.0))
```

你仍然可以得到正确的输出。现在,classic_triangle_area 函数知道哪个是底,哪个是高。

然而,我们做得却有点麻烦。函数中只有一行代码,为它构建一个函数有什么意义呢? 当然,如果你在整个代码中多次调用它就会很有用,但我们能不能使代码更短一点呢? 当然可以! 让我们再从该函数开始:

```
function classic_triangle_area(;base::Float64,
    ⇨   height::Float64)::Float64
    return (base * height) / 2
end
```

通过删除返回值类型缩减代码:

```
function classic_triangle_area(;base::Float64, height::Float64)
    return (base * height) / 2
end
```

接着,我们删除参数类型:

```
function classic_triangle_area(;base, height)
    return (base * height) / 2
```

```
end
```

请注意,虽然::Float64 已经不存在了,但如果运行此代码,程序仍会正常工作。

然后,让我们删除 function 和 end 关键字(此程序将不能工作):

```
classic_triangle_area(;base, height)
    return (base * height) / 2
```

现在,让我们删除 return 关键字并将第 2 行放在第 1 行的末尾(此程序仍然不能工作):

```
classic_triangle_area(;base, height) (base * height) / 2
```

现在,让我们在这两部分之间设置一个等号(此程序仍会将正常工作):

```
classic_triangle_area(;base, height) = (base * height) / 2
```

好了! 你已经将三行代码转换为一行。由于 Julia 可以推断类型,因此无须指定返回值类型或参数类型,仍然可以像这样调用该函数:

```
println(classic_triangle_area(base=5.0, height=3.0))
```

你应该会得到以下正确的输出:

```
6.0
```

现在,你已经实现了经典方法,下面让我们实现海伦公式函数,如下所示:

```
function herons_formula_triangle_area(;side_a::Float64,
    ⇨  side_b::Float64, side_c::Float64)::Float64
    sp = (side_a + side_b + side_c) / 2
    return sqrt(sp * (sp - side_a) * (sp - side_b) *
    ⇨  (sp - side_c))
```

```
end
```

你可以执行以下操作：

```
println(herons_formula_triangle_area(a=3.0, b=4.0, c=5.0))
```

你应该会看到以下输出：

```
6.0
```

非常棒！你做到了，剩下的事情就是获取用户输入：

```
print("Which method would you like to use (classic, herons)?")
area_method = readline()
if area_method == "classic"
    print("Enter base length: ")
    base = parse(Float64, readline())
    print("Enter height: ")
    height = parse(Float64, readline())
    println("The area of your triangle is:
    ⇨ $(classic_triangle_area(base=base, height=height))")
    elseif area_method == "herons"
        print("Enter sidelength a: ")
        a = parse(Float64, readline())
        print("Enter sidelength b: ")
        b = parse(Float64, readline())
        print("Enter sidelength c: ")
        c = parse(Float64, readline())
        println("The area of your triangle is:
        ⇨ $(herons_formula_triangle_area(a=a, b=b, c=c))")
end
```

以上代码段首先询问用户希望使用哪种方法计算三角形的面积。如果用户选择了 classic 方法，则需要输入底和高；如果用户选择 herons 方法，则需要输入三条边长。通过这两种方法，用户都会得到三角形的面积。图 5.2 显示了正在运行的程序。

就这样，你已经创建了一个可以用两种不同的方式计算三角形面积的应用程序。

```
[Tanmays-MacBook-Air:jchp05 tanmaybakshi$ julia classicplusheron.jl
Which method would you like to use (classic, herons)? classic
Enter base length: 4.0
Enter height: 3.0
The area of your triangle is: 6.0
[Tanmays-MacBook-Air:jchp05 tanmaybakshi$ julia classicplusheron.jl
Which method would you like to use (classic, herons)? herons
Enter sidelength a: 3.0
Enter sidelength b: 4.0
Enter sidelength c: 5.0
The area of your triangle is: 6.0
Tanmays-MacBook-Air:jchp05 tanmaybakshi$ █
```

图 5.2　用两种方法运行 ClassicPlusHeron.jl 程序计算三角形的面积

## 5.6　在数组上应用函数

现在,你已经了解了函数的许多功能,但是在开始学习更高级的主题(如泛型和递归)之前,我们需要进一步了解 Julia 在函数中提供的功能。

Julia 是一种非常通用的语言,它是一种面向函数(function-oriented)的语言,这意味着函数会被作为第一类对象进行处理,从本质上来说,这意味着 Julia 能很好地处理函数,这比大多数语言都要好得多。

例如,假设有一个函数,它可以计算某个数是否为偶数,并返回布尔值:

```
function is_even(x)
    if x % 2 == 0
        return true
    else
        return false
    end
end
```

你可以检查一下它是否可以工作：

```
println(is_even(50))
println(is_even(25))
```

应该会打印如下内容：

```
true
false
```

非常棒！现在，假设有这样一个数组：

```
lots_of_numbers = [1, 2, 3, 4, 5, 6, 7, 8, 9, 10]
```

如果你要在每一个值上都运行 is_even 函数，那么应该这样做：

```
are_they_even = map(x -> is_even(x), lots_of_numbers)
```

你应该会看到这样的输出：

```
[false, true, false, true, false, true, false, true, false, true]
```

然而，Julia 提供了一些"语法糖（syntactic sugar）"以让这一操作变得更容易，如下所示：

```
are_they_even = is_even.(lots_of_numbers)
```

就是这样！从技术上讲，该函数没有获取数组，它只获取单独的值。但是通过把点放在函数名后面可以告诉 Julia 将该函数应用于数组中的所有元素。

## 5.7　泛型函数

现在你已经充分了解了函数的基础知识，下面让我们谈谈泛型函数。在讨论泛型函数之前，我们需要知道"泛型"这个词的定义，它的意思是"广泛"或"通用"，与"具体"正好相反。

使用泛型可以创建更灵活的函数，其接收或返回值的类型没有严格或特定的要求。例如，假设你定义了以下数组：

```
friends_ages = [20, 21, 28, 26]
friends_heights = [64.8, 61.2, 72, 70.8]
```

friends_ages 数组的数据类型为 Int64，而 friends_heights 数组的数据类型为 Float64。假设你想计算朋友的平均年龄：

```
sum(friends_ages) / length(friends_ages)
```

你只需要计算出年龄之和并除以朋友的数量（数组的长度）即可，其输出结果如下：

```
23.75
```

如果你想确定朋友的平均身高，同样非常简单：

```
sum(friends_heights) / length(friends_heights)
```

结果为

```
67.2
```

很棒！但是要想理解泛型，还需要认识一下 sum 函数。我们向 sum 函数提供了以下两种不同类型的变量：

① Array{Int64}；

② Array{Float64}。

这是怎么做到的呢？是的，它使用了泛型！

让我们从已经知道的内容开始，并创建一个简单的函数，它仅接收元素类型为 Int64 的数组，并返回其和：

```
function my_sum(x::Array{Int64})::Int64
```

```
    array_sum = 0
    for element in x
        array_sum += element
    end
    return array_sum
end
```

现在我们可以这样做：

```
my_sum(friends_ages) / length(friends_ages)
```

它和以前的工作一样。但如果我们这样做：

```
my_sum(friends_heights) / length(friends_heights)
```

就会得到以下错误：

```
ERROR: MethodError: no method matching my_
sum(::Array{Float64,1})
Closest candidates are:
    my_sum(::Int64) at REPL[5]:2
    my_sum(::Array{Int64,N} where N) at REPL[7]:2
Stacktrace:
[1] top-level scope at none:0
```

注意前两行，这个错误的意思是没有名为 my_sum 的使用 Float64 类型数组的函数。

请注意，Int64 和 Float64 本质上是相关的，它们都存储数字，尽管存储的数字类型不同。同时，加法运算并不关心它是浮点数还是整数，只要确保它们都是数字即可。

那么，如果想让函数获取任意类型的数组，那么只要该类型是数字就可以解决我们的问题！以下是实现的代码：

```
function my_sum(x::Array{T})::T where T <: Number
    array_sum = 0
    for element in x
```

```
        array_sum += element
    end
    return array_sum
end
```

如你所见，函数中的代码相同，让我们重点关注声明行：

```
function my_sum(x::Array{T})::T where T <: Number
```

注意，我们使用了一种名为 T 的新类型。我们期望函数获取一个 T 类型元素的数组，并返回一个 T 类型的值。然后，在常规函数声明之后，我们使用了 where 关键字。在此之后，我们引入了一个泛型约束（generic constraint），用来告诉 Julia 使用 T 可以表示任意的数字类型。你也可以不使用字母 T，而是使用其他字母，甚至可以使用其他有效的变量名。

就这样，我们现在可以这样做：

```
println(my_sum(friends_ages) / length(friends_ages))
println(my_sum(friends_heights) / length(friends_heights))
```

我们应该会得到正确的输出。

但是，通过使用类型推理，你可以完全避免以下问题发生：

```
function my_sum(x)
    array_sum = 0
    for element in x
        array_sum += element
    end
    return array_sum
end
```

本书不会对泛型进行更深入的讨论，你只需要了解这个概念以及它为什么存在，并掌握如何使用它即可。

## 5.8 递归使用函数

下面将介绍函数世界中的最后一个前沿知识,这与函数本身无关,更多地与你在这些函数中执行的操作有关。

本节将要讨论的是递归(recursion)。在开始学习递归之前,让我们先学习一个称为阶乘(factorial)的数学概念和操作符。阶乘是用数字后面的感叹号表示的,例如,"5!"读作"五的阶乘"。以下是"五的阶乘"的计算过程:

```
5 * 4 * 3 * 2 * 1
```

正如你看到的,这本质上是一个从 5 到 1 的乘法链。同样,7!是:

```
7 * 6 * 5 * 4 * 3 * 2 * 1
```

稍等! 这里还有另一种模式。从技术上讲,7!即

```
7 * 6 * 5 * 4 * 3 * 2 * 1
```

等于

```
7 * (6!)
```

这是因为 6!为

```
6 * 5 * 4 * 3 * 2 * 1
```

依次地,它等于

```
6 * (5!)
```

而这种模式会继续下去。最后,当到达 1!时,你只需要返回数字 1(没有可以乘以 1 的其他数字)。

在某种程度上,你可以说阶乘函数调用了它自己。请看,当你调用具有像 x 这样的数字的阶乘函数时,该函数会调用自己以传递 x－1。然后,它用从自己那里得到的输出乘以 x。当传递了一个值 1 时,它只会返回 1。

在 Julia 中,实现这个函数是非常容易的。示例如下:

```julia
function factorial(x::Int64)::Int64
    if x == 1
        return x
    end
    return x * factorial(x - 1)
end
```

我相信,根据目前所学的知识,你一定能够理解这个例子。这正像我前面描述的那样,函数获取一个整数 x,如果是 1,则返回它本身;如果不是 1,则返回 x 乘以同一函数,并将 x－1 作为函数的参数传递进去。

如果你编写了以下代码:

```julia
println(factorial(6))
```

你应该会看到结果:

```
720
```

这个结果是正确的。

为了更好地理解这一点,让我们将链展开,看看当函数调用自己时究竟传递了什么:

**Function Call 1**
```
factorial: passed 6
return 6 * factorial(5)
```

**Function Call 2**
```
factorial: passed 5
```

```
return 5 * factorial(4)
```

**Function Call 3**
```
factorial: passed 4
return 4 * factorial(3)
```

**Function Call 4**
```
factorial: passed 3
return 3 * factorial(2)
```

**Function Call 5**
```
factorial: passed 2
return 2 * factorial(1)
```

**Function Call 6**
```
factorial: passed 1
return 1
```

就这样，x 沿着函数调用链传递，值在链上"递归"计算，然后得到最终输出。当 Call 6 返回的 1 返回到 Call 5 时，执行 2×1；结果 2 返回到 Call 4，执行 2×3；结果 6 返回到 Call 3，以此类推，最终得到 720。这就是通过递归计算阶乘的方法。

当然，递归并不是解决阶乘问题的唯一方法。因此，让我们尝试使用循环的迭代方法，如下所示：

```
function factorial_iterative(x::Int64)::Int64
    y = x
    while x > 1
        x -= 1
        y *= x
    end
    return y
end
```

事实上，你已经将一个函数调用替换为了循环。还有更多的方法可以实现阶乘函数，有些效率较高，而有些效率较低，但这两个示例有助于帮你理解递归和迭代计算之间的差异。

就此即可结束你的函数世界之旅。现在,你已经成功进入了更高级别的编程世界了,你将学习如何处理程序产生的问题。

## 强化练习

1. 创建一个函数,判断用户传递给它的一个整数是否能被 3 整除。

2. 创建一个函数,根据用户输入的边长计算三角形的面积。仅在边长有效时才继续执行该函数。

3. 创建并测试一个以正整数作为参数的函数,并判断它是素数还是合数。

4. 创建一个函数,以 3 个数字作为输入,将它们从小到大排序。

5. 创建一个函数,用来在给定两点坐标时计算直线的斜率,同时描述该直线是升、降、水平还是垂直。

# 第 6 章

## 处理错误和异常

**本**章将创建无错误的应用程序和系统,并帮助用户自信从容地使用它们。

在本章中,你将学习:

- Bug 和 Debugging;
- 什么是错误(error);
- 什么是异常(exception);
- 发现和消除缺陷的技巧。

既然你已经是级别较高的 Julia 用户了,那么就让我们从一个追踪缺陷并彻底清除的快速指南开始。

## 6.1  Bug 和 Debugging

请等一下！你可能在想：什么是 Bug？这是一种昆虫吗？嗯，从一个角度来看，它是，但同时它又不是。在计算机的历史上，bug 这个词是因为当时的一台计算机中由于一只飞蛾卡在机电系统的机械装置中而导致其停止工作时产生的；计算机停止工作，bug 被发现并删除（调试），将表面清理干净，使计算机再次正常工作。这一事件得到了很多人的关注，从那时起，在计算机领域中，bug 这个词就表示任何错误、失败或不正确的工作。

让我们从这些基本原理开始。在编写代码时，你可能会面临以下三类主要问题。

① 错误。这些都是 Julia 捕获的代码中的问题，它们阻止了程序的编译和运行。

② 异常。这些问题依赖于运行时发生的事情，这意味着 Julia 在代码编译时无法捕获它们。如果没有正确处理，则会导致应用程序崩溃。

③ 故障（glitches）。当一个函数提供了意外的或不正确的功能时，就会出现这种情况，这些通常是由于算法疏忽或代码缺失而导致的结果。

我们不会在本章中介绍故障，反之，我们将重点介绍错误和异常。

## 6.2  什么是错误

错误是可识别的、代码中明显存在的问题，其影响了 Julia 正确地理解代码。例如，请看以下代码：

```
println("1" + "4")
```

输出值应该是什么？如果你不注意，你就会说是"5"。但这是不正确的，事实上，如果你运行此代码，就会出现一个错误。具体来说，你将得到以下输出：

```
ERROR: MethodError: no method matching +(::String, ::String)
```

类似的表达有

```
+(::Any, ::Any, ::Any, ::Any...) at operators.jl:502
Stacktrace:
[1] top-level scope at none:0
```

你将得到一个 MethodError. A MethodError: no method matching 错误，表示你尝试调用一个方法（它是函数和运算符的总和），但该方法并不存在。在本例中，我们尝试调用"＋"方法，并向其传递了两个字符串。但没有一种称为"＋"的方法可以处理这种类型的数据，这就导致 Julia 不知道该做什么，并告知你需要修改它。

因此，Julia 无法编译代码并会抛出错误。错误通常不难解决，Julia 会告诉你问题出现在哪里，并给你一个描述，你只要解决问题即可。有时，错误会提示总体架构问题，这可以帮助你加强数据结构。

为了帮助你练习修正错误，让我们构建一个包含一些错误的快速应用程序，并逐个修正错误。打开一个名为 prime_number_checker.jl 的新文件，并输入以下代码：

```julia
function prime_number_checker(x:::Int64)::Bool
    for y in 1::x
        if x % y == 0 && y != 1 && y != x
            return false
        end
    end
    return true
```

```
    end

println(prime_number_checker(4))
println(prime_number_checker(17))
```

　　这是一个函数,用于检查它获取的作为参数的数是素数还是合数。如果该数是素数,则打印 true;如果该数是合数,则打印 false。

　　首先,让我们预测其输出值。因为 4 不是素数,17 是素数,所以我们应该得到以下输出:

```
false
true
```

然而,我们实际上却得到了这个输出:

```
ERROR: LoadError: ArgumentError: invalid type for argument x
in method definition for prime_number_checker at /Users/
tanmaybakshi/prime_number_checker_errors.jl:2
Stacktrace:
[1] top-level scope at none:0
[2] include at ./boot.jl:326 [inlined]
[3] include_relative(::Module, ::String) at ./loading.jl:1038
[4] include(::Module, ::String) at ./sysimg.jl:29
[5] exec_options(::Base.JLOptions) at ./client.jl:267
[6] _start() at ./client.jl:436
in expression starting at /Users/tanmaybakshi/
prime_number_checker_errors.jl:1
```

　　因为你之前从未见过错误,所以这似乎是一个相当神秘的错误信息,让我们一起看看发生了什么。最后一行的末尾表示这个错误发生在第 1 行。让我们来看看这一行:

```
function prime_number_checker(x:::Int64)::Bool
```

你发现这个错误了吗? 错误就是使用了 3 个冒号定义 x 的类型,而不是两个。让我们修改这个问题,并再次运行程序。这次,我们得到了这样的输出：

```
ERROR: LoadError: TypeError: in typeassert, expected Type,
got Int64
Stacktrace:
[1] prime_number_checker(::Int64) at /Users/tanmaybakshi/
prime_number_checker_errors.jl:2
[2] top-level scope at none:0
[3] include at ./boot.jl:326 [inlined]
[4] include_relative(::Module, ::String) at ./loading.jl:1038
[5] include(::Module, ::String) at ./sysimg.jl:29
[6] exec_options(::Base.JLOptions) at ./client.jl:267
[7] _start() at ./client.jl:436
in expression starting at /Users/tanmaybakshi/
prime_number_checker_errors.jl:10
```

这很奇怪。让我们试着修改这个错误，错误发生在哪里？ 这次不要看最后一行了，请查看以［1］开头的这行：

```
[1] prime_number_checker(::Int64) at /Users/tanmaybakshi/
prime_number_checker_errors.jl:2
```

这行的结尾表示错误发生在第 2 行：

```
for y in 1::x
```

啊！我们又遇到了类似的问题，可能是因为输入错误，数字 1 之后有两个冒号，但应该只有一个。我们试图定义一个范围，而不是声明一个类型。修改后再次运行程序，应该会看到以下输出：

```
false
true
```

素数检查器可以正常工作了。

　　这只是一个简单的关于错误的例子。当然，有时错误很难诊断，但与异常相比却相对容易。

## 6.3　什么是异常

异常是一种关于捕获程序运行时要计算的值的问题。例如,假设用户输入了一些数字,并尝试将这些数字转换为整数。如果用户输入了-5、36 或 2019,转换将会正常进行,但如果用户输入的不是数字,如 hello,那么 Julia 不可能将其转换为整数。然而,Julia 也不可能在用户使用之前预测到这种情况的发生,这时就会引发异常。

让我们来看一个例子。打开一个名为 prime_number_checker_v2.jl 的新文件,然后输入以下代码:

```julia
function prime_number_checker(x::Int64)::Bool
    for y in 1:x
        if x % y == 0 && y != 1 && y != x
            return false
        end
    end
    return true
end

print("Give me a number: ")
user_input = convert(Int64, readline())
if prime_number_checker(user_input)
    print("Your number is prime.")
else
    println("Your number is not prime.")
end
```

这是一段非常简单的代码,如果运行,它似乎能够被完美地执行:

```
Give me a number: 2173
Your number is not prime.
```

但是,现在我们让程序做一些它并不打算做的事情——处理字符串输

入。让我们随机输入一个词,而不是一个数字:

```
Give me a number: Julia
ERROR: LoadError: ArgumentError: invalid base 10 digit 'J'
in "Julia"
Stacktrace:
[1] tryparse_internal(::Type{Int64}, ::String, ::Int64,
::Int64, ::Int64, ::Bool) at ./parse.jl:131
[2] #parse#348(::Nothing, ::Function, ::Type{Int64}, ::String)
at ./parse.jl:238
[3] parse(::Type{Int64}, ::String) at ./parse.jl:238
[4] top-level scope at none:0
[5] include at ./boot.jl:326 [inlined]
[6] include_relative(::Module, ::String) at ./loading.jl:1038
[7] include(::Module, ::String) at ./sysimg.jl:29
[8] exec_options(::Base.JLOptions) at ./client.jl:267
[9] _start() at ./client.jl:436
in expression starting at /Users/tanmaybakshi/
⇨   prime_number_checker_errors.jl:11
```

这样就会出现一个异常。但与以前不同,它不是直接由代码引起的,而是由用户的输入引起的。请注意,要想修复错误,你可以调整代码,但不能调整用户的输入以修复异常,你需要为这一意外事件做好计划。

你可以用一个 try-catch 块完成,try-catch 块能够使代码尝试做某事,如果失败,则执行其他代码。下面有一个例子:

```
try
    print("Give me a number: ")
    user_input = parse(Int64, readline())
    if prime_number_checker(user_input)
        println("Your number is prime.")
    else
        println("Your number is not prime.")
    end
catch
    println("Uh-oh, you didn't give me a number!")
end
```

如你所见，你将前面的代码放入了 try 块，此后有一个 catch 块。只有在 try 块中发生异常时，其执行被中断，才会执行此 catch 块，catch 块只做一件事——告诉用户没有输入数字。但是，如果 try 块中没有异常，则不会执行 catch 块。

现在，如果你输入一个数字，应该得到以下正确的输出：

```
Give me a number: 17
Your number is prime.
```

但如果你输入了一个字符串，那么应用程序也不会崩溃，它会让你知道你做了一些错误的事情：

```
Give me a number: Julia
Uh-oh, you didn't give me a number!
```

好了！你已成功解决了异常！

## 6.4　发现并清除缺陷的技巧

一个应用程序或系统是不可能没有错误的，程序员的工作是尽自己最大的能力构造出没有重大已知问题的应用程序。在创建应用程序的所有阶段，软件专业人员不断测试程序，以查找和修复错误并处理异常。有时，缺陷很难被发现，因此也很难删除。使用调试技术可以了解哪里的代码不能正常工作。

最近，Julia 通过一个名为 Debugger.jl 的包获得了对真正的调试技术的支持，这非常有用，它提供了变量检查、断点等。但是，为简单起见，让我们使用传统方法进行调试。我们将使用 println 函数和 readline 函数，以便可以暂停并检查变量的状态，从而知道出现的问题及其位置。然而，请注意，在实践中这通常不是最好的解决方案。读完本书后，你还应该对实际的调试技术进行更多的研究。

有时，错误是显而易见的，就在你面前，但你却没有立即捕获它们。让我们看看下面的代码（FindTheBug.jl），看看你是否能在第一次尝试中就发现这个缺陷：

```julia
function prime_number_checker(x::Int64)::Bool
    for y in 1:x
        if x % y == 0 && y != 1 && y != x
            return false
        end
    end
    return true
end

print("Give me a number: ")
user_input = convert(Int64, readline())
if prime_number_checker(user_input)
    print("Your number is prime.")
else
    println("Your number is not prime.")
end
```

我希望你能够发现该程序中的缺陷，如果不能，那么你可以使用以下命令编译它：

```
julia FindTheBug.jl
```

Julia 编译器将向你显示很多行，你可以从中确定缺陷并进行修正。

可能还有其他导致缺陷的原因，例如将一个数字除以 0，这也将导致异常，这在任何计算器中都会出现一个 math 错误，因为这在数学上是不可能的。

因此，我还要提醒你，在使用 while 循环时要特别注意。与 for 循环不同，while 循环中的递增或递减操作是程序员控制的，未正确地使用它也会导致逻辑错误，但不会被编译器或计算机捕获；相反，该应用程序很可能会由于操作系统施加的内存限制而崩溃。

　　在本书中,我们不再深入介绍如何调试应用程序,本章的内容足以帮助你进行简单的调试,你可以通过示例,借助 Julia 手册或更高级的资源进一步学习。

## 强化练习

1. 什么是错误和异常? 请分别创建一个代码示例。

2. 为什么以下代码不能正常工作?

```julia
function factorial(x::Int64)::Int64
    return x * factorial(x - 1)
end
```

3. 以下是某人编写的显示数字 1～5 的代码,但代码不能显示数字,只能显示一条错误消息。你能解决这个问题吗? 编写者需要使用 while 循环,因此不能将 while 循环更改为 for 循环。

```julia
ctr = 1
while true
    if ctr = 6
        break
    else
        println(ctr)
        global ctr += 1
    end
end
```

# 第 7 章

---

# 软件包管理

**欢**迎来到软件包管理的世界,这是本书第 1 级的最后一章。在你进入本书第 2 级之前,你首先需要了解不应该做什么。

在本章中,你将学习:

- 什么是 REST APIs;
- 安装及使用包;
- 多进程及其在 Julia 中的使用;
- 在 Julia 中调用其他语言的代码。

你可能会问，到底不应该做什么？答案就是"重新发明车轮"。

你不应该花时间做已经被做得很好的事情，"重新发明车轮"就是这个意思。

说到技术，有许多用例和应用程序都需要复杂的功能。例如，如果你需要直接使用 Julia 代码给某人发送电子邮件，或者你想为用户播放音乐，也许用户提供了一些数字输入，但如果你想在图表上绘制出来该怎么办呢？

这种功能需要极多的活动部件，因此从头实现它们会是一项非常艰巨的任务，你可能永远不会得到你需要的东西。最糟糕的是，你最终会在一个应用程序中将你的功能作为代码的特定部分实现，而且很难将其应用于其他应用程序。

这就是包的由来。凭借 Julia 中强大的软件包，共享编写的代码并在自己的应用程序中使用其他人编写的代码就会变得很容易了。

例如，让我们回到前面引用的绘图示例。如果你必须编写自己的绘图代码，则需要几小时才能获得极其简单且特定的应用程序。要使它更通用和易于使用，这将花费几天的时间。但是，已经有一个叫作 Plot.jl 的包可以供用户免费使用了，它可以使用户无须自己编写代码即可实现所有功能。

更好的是，你还可以免费访问 Plot.jl 的所有代码，因为它是开源的，这意味着来自全球各地的人都在致力于使这个库变得更便于使用。

试想一下，你想要重新构建数百人精心制作的代码包，还是只想在代码中使用它，你是否也愿意对包做出贡献以使其变得更好呢？

我相信答案是很明显的。现在让我们看看如何使用这些软件包。我们将以数字琐事（Number Trivia）为例。

在开始之前，请访问网址 http://numbersapi.com。

正如图 7.1 所示，你会看到一些关于数字的琐事。例如，默认情况

下，网页告诉我"42 是马拉松的公里数"，每次刷新，都会看到一些有关
数字的新琐事。

```
215 is the Dewey Decimal Classification for Science and religion.
3000000000 is the number of base pairs in the human genome.
58 is the number of usable cells on a Hexxagon game board.
168 is the death toll of the 1995 Oklahoma City bombing.
400000 is the number of morphine addicts the Civil War produced.
90000 is the average number of hairs that redheads have.
9 is the number of circles of Hell in Dante's Divine Comedy.
Infinity is the number of universes in multiverse theory.
80 is the length (years) of the Eighty Years' War (1568-1648).
10000000000000000000 is the estimated insect population.
2701 is a plot triviality in Neal Stephenson's "Cryptonomicon".
4e+185 is the number of planck volumes in the observable universe.
140 is liters of water needed to produce 1 cup of coffee.
8674 is the number of unique words in the Hebrew Bible.
3500000000000 is the estimated population of fish in the ocean.
361 is the number of positions on a standard 19 x 19 Go board.
179 is the rank of Estonia in world population density.
172000 is tons of chocolate produced in Belgium in a year.
255 is the largest representable integer in an unsigned byte.
45 is the sapphire wedding anniversary in years of marriage.
45 is the sapphire wedding anniversary in years of marriage.
3 is the number of witches in William Shakespeare's Macbeth.
```

图 7.1 你可能会在 numbersapi.com 上找到的一些琐事

## 7.1 什么是 REST API

不过，这个网页到底是如何获取这些琐事并显示出来的呢？它使用
了一种叫作应用程序接口（application program interface，API）的东西。
API 本质上是一个程序员可以用来使其工作变得更容易的接口，因为这
个 API 是关于 Internet 的，所以它被称为 REST API。REST 代表表示
性状态转移（representational state transfer），你不需要理解这是什么意
思，因为我们不会在这本书中更深入地研究它。

现在，要想使用你的浏览器演示这个功能，请访问 http://
numbersapi.com/random/trivia。

当你打开这个网址时，你会看到一个空白的页面，页面左上角有一

些文字,这些文字应该是一条关于随机数的琐事。

　　你的挑战是以某种方式将这个网页的文本获取到你的 Julia 应用程序中,并将它显示给用户。你可以调用一个 REST API 的软件包实现此操作。

　　具体来说,我们将使用一个名为 HTTP 的软件包。但是,在使用该软件包之前,必须先安装它。

## 7.2　如何安装并使用包

　　打开第 1 章中描述的"julia"REPL。在此提醒一下,REPL 是一个编程界面,用户可以输入命令并立即查看运行结果。首字母缩写代表"读取(read)—评估(evaluate)—打印循环(print loop)"。

　　要想安装该包,需要输入以下代码:

```
using Pkg
```

关键字 using 将告诉 Julia 导入一个包,而 Pkg 则是我们要导入的包的名称。Pkg 软件包可以使我们安装更多的软件包。

　　当使用关键字 using 导入包时,就会导入包导出的所有函数。例如,Pkg 包中有一个名为 add 的函数,你可以使用它安装一个包,因此可以输入以下代码:

```
add("HTTP")
```

它应该就会开始安装了。

　　请等一下! 它不能工作,不是吗? 你得到了一个错误,提示"没有 add 函数"。这是因为 Pkg 软件包确实有一个 add 函数,但它不会导出该函数。所以,如果你想使用它,可以输入以下两行代码:

```
using Pkg: add
add("HTTP")
```

或者仅输入以下一行代码：

```
Pkg.add("HTTP")
```

这两种方式都将实现相同的结果——安装软件包。但是，在第一种方式中，你将告诉 Julia 从包中导入一个特定函数，而不管它是否会被导出。在第二种方式中，你将告诉 Julia 直接从包中调用函数。

图 7.2 显示了使用 Pkg 安装 HTTP 包的情况。

图 7.2　安装 HTTP 包

一旦选择运行其中一组代码，请等待软件包自动安装，你可能会看到以下这样的输出：

```
Resolving package versions...
Installed IniFile — v0.5.0
Installed MbedTLS — v0.6.8
Installed HTTP ——— v0.8.0
Updating '~/.julia/environments/v1.1/Project.toml'
[cd3eb016] + HTTP v0.8.0
Updating '~/.julia/environments/v1.1/Manifest.toml'
[cd3eb016] + HTTP v0.8.0
[83e8ac13] + IniFile v0.5.0
[739be429] + MbedTLS v0.6.8
Building MbedTLS — '~/.julia/packages/MbedTLS/X4xar/deps/
build.log'
```

请等一下！在退出 REPL 之前，我想为你展示一些内容。我知道 REST API 听起来很复杂，但请输入以下两行代码：

```
using HTTP
println(String(HTTP.get("http://numbersapi.com/random/
    ⇨ trivia").body))
```

就像这样，你应该会看到屏幕底部弹出了一些数字琐事。让我再解释一下：

① 第 1 行代码用来将 HTTP 库导入 session。

② 第 2 行代码用来将这些琐事 API 的 URL 传递到 HTTP.get 函数，然后获取响应的 body 部分，接着将该 body 传递给 String 函数，该函数将 API 响应转换为字符串，最后将其打印出来。

现在让我们把这件事做得更有趣一些。假设你想得到一些关于你出生年份的数字琐事（对我来说是 2003 年），你可以这样做：

```
println(String(HTTP.get("http://numbersapi.com/2003/
    ⇨ trivia").body))
```

你应该会看到这样的输出：

```
2003 is an unremarkable number.
```

不管怎样，2003 年没有出现什么琐事，所以它是平凡的一年。但谁知道呢，也许有一些有趣的事情会与你的出生年份有关！现在，你可以通过按 Ctrl＋D 键退出 REPL。

打开名为 NumberTrivia.jl 的新文件，并输入以下代码：

```julia
using HTTP
print("Which number would you like trivia for (or random)?")
url = "http://numbersapi.com/$(readline())/trivia"
println(String(HTTP.get(url).body))
```

这就是你需要的全部，现在可以运行代码了。应该会看到这样的提示：

```
Which number would you like trivia for (or random)?
```

你可以输入 random 并按 Enter 键，或者输入任何数字，然后按 Enter 键。如果输入 random，则会随机得到一条琐事。输入一个数字，如果该数字琐事存在，则会看到有关该数字的琐事。

当你输入 random 时，你应该会看到这样的琐事：

```
69 is the atomic number of thulium, a lanthanide.
```

图 7.3 显示了我在这个游戏中两次运行的结果。

```
● ● ●                        jchp07 — -bash — 87×10
[Tanmays-MacBook-Air:jchp07 tanmaybakshi$ julia numbertrivia.jl
Which number would you like trivia for (or random)? random
3000 is the number of gowns Queen Elizabeth I of England owned when she died.
[Tanmays-MacBook-Air:jchp07 tanmaybakshi$
[Tanmays-MacBook-Air:jchp07 tanmaybakshi$
[Tanmays-MacBook-Air:jchp07 tanmaybakshi$ julia numbertrivia.jl
Which number would you like trivia for (or random)? 69
69 is the number Bill and Ted were thinking of when talking to their future selves.
Tanmays-MacBook-Air:jchp07 tanmaybakshi$
```

图 7.3　两次运行 numbertrivia.jl 的结果

好了！你已经构建了第一个使用软件包的应用程序。还有其他一些遵循 Julia 标准的软件包，并提供了 Julia 的"标准库"中没有的额外功能。

---

**Tanmay 教学**

Q：稍等一下，什么是"标准库"？

A：Julia 的"标准库"是作为 Julia 编程语言的一部分而提供的功能，你不需要使用软件包访问此功能，标准库通常被缩写为 stdlib。例如，stdlib 包含 strings、arrays、dictionaries、map 函数等。

---

## 7.3　多进程及其在 Julia 中的使用

下面我们将了解一个任务的各部分或许多单独的任务是如何被分配到不同的处理器中并汇集结果的，就节约时间而言，其提高了工作效率。我们使用一个简单的示例理解这个概念，然后将其应用于 NumberTrivia.jl 程序，以了解它的不同运行方式。

首先，我们想用 Julia 的分布式计算做一些相对复杂的事情。对此，有一个软件包。在我们讨论如何实现分布式计算之前，我敢肯定你心中有一个问题——分布式计算到底是什么？

请记住，Julia 是一种特殊的语言，它的主要目标是满足科学和数学计算社区的需求。在这些领域，计算需要非常快的速度，每隔几毫秒就需要压缩一次，以节省大量时间。Julia 的一些包可以让处理速度比大多数语言更快。

例如，有一个名为 Distributed 的包，使你可以同时运行不同的代码块。我知道这听起来很令人困惑，但让我澄清一件事：分布式计算不是一个新概念,甚至不是 Julia 特有的。每种编程语言都有某种方法可以同时运行大量代码,但对于程序员而言,Julia 可以使这个过程更高效、更容易。

现在,让我们解决让计算机同时做多件事情的问题!

> 备注:下面的解释是关于多进程(multiprocessing)的,而不是多线程(multithreading)。你不需要理解它们之间的差异,但对于更高级别的读者,这些信息将非常有用。

假设你想做一些即使是计算机都需要很长时间完成的事情。例如,得到一条琐事需要 5 秒,用户请求 10 条琐事。因此,我们可以估计该操作将花费的时间为

$$5 \quad \times \quad 10 \quad = \quad 50$$
$$（每件琐事耗时/秒） \quad \times \quad （琐事总数） \quad = \quad （总时间/秒）$$

50 秒! 哇,这已经是相当长的时间了! 现在想象一下,你可以同时得到所有的 10 条琐事。这是可能的,因为你的 CPU 不仅仅是一个单独的处理单元,相反,它被分为多个核心(cores)。例如,如果你在使用 Linux 系统,请在命令行中输入此命令:

```
nproc
```

如果你在使用 macOS 系统,请输入以下内容:

```
sysctl hw.logicalcpu
```

如果你在使用 Windows 系统,请在命令提示符中输入以下命令:

```
echo %NUMBER_OF_PROCESSORS%
```

在这些操作系统上,你会得到从命令中返回的一个数字。

> 备注：这是一个极其简化的多进程视图。你的计算机还可以运行更
> 多的进程，但运行效率较低，因为 CPU 需要在进程之间不断切换。

当你运行上述命令时，你得到的结果是计算机可以同时有效运行的
进程数。你可以通过命令中的单词 nproc（处理器数）、logicalcpu（逻辑
CPU 数）或 NUMBER_OF_PROCESSORS（进程数）理解这一点。

计算机可以运行的进程数越多，性能就越好。低端计算机通常只有
两核（极少数情况下只有一核），稍微高端的计算机通常有四核，高端计
算机通常有八核。一些非常昂贵的服务器可以有两个独立的 CPU，每
个 CPU 都有 32 个内核，因此这台计算机总共有 64 个内核。

如果你有一个最新款的 Intel CPU，那么你也可以利用一种叫作超
线程（hyperthreading）的技术。使用超线程，CPU 上只需要 4 个物理内
核，但它们的性能就会像 8 个逻辑内核一样。如果你有 64 个物理内核，
它们的性能就会像 128 个逻辑内核一样！

在命令行中运行的命令会告诉你拥有的逻辑内核的数量。所以，在
所有非老式的 macOS 机器上，当你看到输出为 8 时，实际上是有 4 个物
理内核，但它们的性能就像有 8 个逻辑内核一样。

好了，让我们开始实现吧！首先，让我们来看一个简单的 for 循环：

```
for i in 1:10
    println(i * i)
end
```

运行此代码时，应该会看到输出为

```
1
4
9
16
25
```

```
36
49
64
81
100
```

很简单。现在,假设我们要同时计算和打印所有值。这就是我们所需要做的:

```
1  using Distributed
2      addprocs(8)
3      @sync @distributed for i in 1:10
4      println(i * i)
5  end
```

好了! 其实就是这样,我不是在开玩笑,你刚刚已经将这段代码放在所有进程上了。

让我们再深入地理解一下前 3 行代码:

① 第 1 行将导入 Distributed 包,Julia 提供了使多进程处理变得更容易的功能。

② 第 2 行将向该程序添加 8 个进程。换句话说,Julia 代码中的某些符合条件的操作会被分为 8 个部分,然后分别交给计算机的 8 个部分,并由它们同时完成。这将只花费大约八分之一的时间完成。根据进程的多少,请将此数字调整为之前运行的命令的输出。

③ 第 3 行与单进程版本基本相同,只有一个区别:在 for 循环之前,你设置了@sync @distributed。这将告诉 Julia 将此循环分配到计算机所有逻辑内核的 workers(各个不同进程)上,然后同步操作,这意味着“等待操作完成,然后继续”。

> 备注:@distributed 或任何以@开头的符号都被称为宏(macro)。对于本书,你不需要详细了解宏,但本质上,它们是一种能使 Julia 代码进行不同操作的简单方式。

现在，如果运行该代码，你会看到这样的内容（你的结果可能看起来略有不同）：

```
From worker 3: 9
From worker 3: 16
From worker 2: 1
From worker 7: 64
From worker 6: 49
From worker 8: 81
From worker 4: 25
From worker 5: 36
From worker 9: 100
From worker 2: 4
```

正如你看到的，有两个主要的区别：输出不是按顺序排列的，而且在结果之前都有 From worker 这样的文本。

让我来解释一下。首先，结果不按顺序排列是因为它们几乎是同时运行的，在一些操作中，随机的一秒延迟会将一些结果随机地放在顶部，另一些放在底部。此外，出现 From worker 的原因是：当你从一个进程中打印时，Julia 需要确保它不会与其他进程中的打印发生冲突。例如，如果两个进程同时打印，则它们的消息可能会由于相互混合而出错，所以，Julia 要确保这种情况不会发生，同时告诉我们哪个 worker（哪个进程）正在打印结果。

与 for 循环的分布方式一样，map 函数也可以使用 pmap 并行 map 函数进行分布。首先，让我们看看 map 函数的操作示例：

```
squares = map(x -> x * x, 1:10)
println(squares)
```

这应该会得到以下输出：

```
[1, 4, 9, 16, 25, 36, 49, 64, 81, 100]
```

该输出是一个数组。同样地,我们也可以使用 pmap 函数:

```
using Distributed
addprocs(8)

squares = pmap(x -> x * x, 1:10)
println(squares)
```

这应该会得到以下输出:

```
[1, 4, 9, 16, 25, 36, 49, 64, 81, 100]
```

请等一下! 因为它们是同时运行的,所以结果返回的顺序不应该是随机的吗? 好吧,这里有一个区别:当使用 for 循环时,顺序并不确定,但 pmap 函数将并行执行操作,同时保证结果的顺序与输入顺序相同。

还有其他需要记住的事情:可以在多个进程上运行代码并不意味着应该始终在多个进程上运行代码。如果只需要找出 10 个数的平方,那么在多个进程上运行的速度反而会比较慢,这是因为计算机不仅需要进行计算平方这个简单的操作,还需要追踪 workers、分发任务、收集结果、打印等。

如果 for 循环或 map 代码块很复杂,使得计算机需要一些时间来执行,那么在多个进程上运行它通常才是值得的,这取决于你的代码及运行的操作。

现在,让我们看看是否可以构建一个可以同时为用户提供多条随机数琐事的应用程序,要这样做很简单,以下就是你需要做的:

```
using Distributed
addprocs(8)
@everywhere using HTTP

@everywhere url = "http://numbersapi.com/random/trivia"
trivia = pmap(x -> String(HTTP.get(url).body), 1:10)
for fact in trivia
```

```
    println(fact)
end
```

你应该能够理解大部分代码,但是这里有一个新的宏——@everywhere。使用 everywhere 宏可以告诉 Julia 此代码的所有进程都应该能够访问你定义的任何内容,无论是包(如 HTTP)还是变量(如 url)。

现在你应该会得到这样的输出:

```
20 is the number of questions in the popular party game Twenty
Questions.
3585 is the depth in meters of the deepest mine in the world,
the East Rand · mine.
100000000000000 is the number of cells in the human body, of
which only · 10^{13} are human. The remaining 90% non-human cells
are bacteria.
10 is the number of Provinces in Canada.
100000000000000000000 is the of rate of hyperinflation in
Zimbabwe by February 2009.
10000 is the number of other neurons each neuron is connected
to in the human · brain.
451 is the temperature at which the paper in books ignites,
giving the name · to Ray Bradbury's novel Fahrenheit 451.
81 is the number of stanzas or chapters in the Tao te Ching (in
the most · common arrangements).
256 is the number of NFL regular season football games.
172000 is tons of chocolate produced in Belgium in a year.
```

你刚刚已经使用软件包和多进程创建了一个复杂的应用程序,非常棒!

## 7.4　调用其他语言的代码

正如你看到的,Julia 是一种非常灵活的语言,它支持各种复杂的功能,但却简单、易于阅读,并且非常高效。同时,Julia 支持对其他语言的调用，以下是你可以在 Julia 中使用的常见语言：

- C / C++
- FORTRAN
- Python 2 和 Python 3

C 和 FORTRAN 非常复杂，但 Python 却相当简单。下面展示一个从 Julia 中调用 Python 代码的快速示例。

首先，打开 REPL 并运行以下代码：

```
import Pkg
Pkg.add("PyCall")
```

这将为你安装 PyCall 包，它是一个支持从 Julia 内部调用 Python 代码的包。

然后创建一个名为 pythonic_factorial.jl 的新文件，并输入以下代码：

```
using PyCall

function factorial_jl(x::Int64)::Int64
    if x == 1
        return 1
    end
    return x * factorial(x - 1)
end
py"""
def factorial_py(x):
    if x == 1:
        return 1
    return x * factorial_py(x - 1)
"""
factorial_py(x) = py"factorial_py"(x)

println("Factorial calculated by Julia: $(factorial_jl(7))")
println("Factorial calculated by Python: $(factorial_py(7))")
```

如果你以前没有用过 Python 编码，那么你对中间的代码可能并不是很熟悉，但我相信你也可以理解其中的一些意思。事实上，这段代码正在创建一个名为 factorial_py 的 Python 新函数，它接收一个参数 x；如果 x 为 1，则返回 1；如果 x 不为 1，则返回 x 乘以 x−1 的阶乘。Python 函数被封装在一个 Julia 函数中，以使其更容易调用。

Python 代码被封装在一个多行字符串中，用三个双引号表示，就像一行字符串用一对双引号表示一样。在多行字符串开始之前，py 符号告诉 Julia 这个多行字符串是 Python 代码。事实上，把 py 放在任何字符串文字之前都可以告诉 Julia 这是要执行的 Python 代码。

如果运行此代码，你应该会看到：

```
Factorial calculated by Julia: 5040
Factorial calculated by Python: 5040
```

太好啦！它可以工作了！你不仅使用了软件包，而且还做了以下几件事：

① 提供了数字琐事；

② 以一种简单的方式通过多任务处理的方法计算平方数；

③ 在使用多进程的同时提供大量的数字琐事；

④ 在 Julia 内部调用 Python 代码。

在下一章，我将为你展示如何让应用程序的数据持久化，这将会带领你正式进入本书的第 2 级。

## 强化练习

1. 你能指出以下代码中的错误吗？

```
using Distributed
```

```
function half_and_square(x)
    return (x / 2) ^ 2
end

result = pmap(x -> half_and_square(x), 1:20)
println(result)
```

2. 开发一个应用程序,创建 100 个虚构的三角形,通过底和高的值进行循环。其中,底的值为 1～10,对于每个底,高的值也为 1～10。要求使用 pmap 或 @parallel 计算这些三角形的面积。

3. 什么是 REST APIs?为什么它们对开发人员很有用?

4. 使用软件包的目的是什么?为什么不能自己创建所有的代码呢?

5. 创建一个应用程序,通过并行检查多个数字是否为素数。

# 第 8 章

## 读写文件

**存** 储信息是应用程序中重要的部分之一，正如你在第 2 章中学习的变量。但是，变量不适合长期存储信息。当用户退出程序时，变量将被删除，我们将会丢失存储在这些变量中的所有信息。

在本章中，你将学习：

- 为什么文件很有用；
- 在 Julia 中如何读取文件；
- 在 Julia 中如何写文件；
- 在 Julia 中创建一个凯撒密码(Caesar cipher)。

让我们首先了解一下文件是如何帮助我们保存数据的，这意味着文件能够使我们的数据持久化。

## 8.1　为什么文件很有用

如你所知,应用程序记录数据的时间比你想象的要长得多。如果打开 Facebook,你的个人信息不会在关闭时消失;同样,当你打开 Microsoft Word 或 Apple Keynote 时,你可以打开以前保存的文件(文档)并继续工作;你还可以将你的音乐文件保存很多年,并聆听存储在里面的歌曲。

Word 和 Keynote 到底是如何做到这一点的? 这是因为它们将信息存储在了文件中。

文件存储在计算机的长期存储设备上,这一般是固态驱动器(SSD)或硬盘驱动器(HDD)。能够读写文件对于编程语言而言非常重要,Julia 对这个功能提供了强大的支持。

要想演示该功能,让我们先来看一个简单示例。具体来说,我们将扩展第 2 章中创建的 Greetings 程序。这是一个提示你输入姓名的程序,当你输入姓名并按下 Enter 键时,它会打印"Hello"并向你问好,然后打印出你的姓名。

## 8.2　如何在 Julia 中读取文件

我们将从创建一个文本文件开始。macOS 系统可以使用 TextEdit 应用程序;Linux 系统可以使用你自己喜欢的文本编辑器;Windows 系统可以使用 Notepad 创建和编辑文本文件。请在该文件中输入你的姓名,在我的例子中,我写道:

```
Tanmay Bakshi
```

现在,请将其保存为 myname.txt 并关闭它,该文件名的扩展名 txt 表示它是一个简单的文本文件。

完成后,在同一目录创建另一个名为 FileGreetetigs.jl 的文件,并输入以下代码:

```
1    username_file = open("myname.txt")
2    username = read(username_file, String)
3    println("Hello, $(username)")
```

这就是在 Julia 中读取文件的全部内容。下面逐行解释一下:

① 第 1 行将打开名为 myname.txt 的文件,并将该文件放在 username_file 变量中。此后,在这个小程序中,每当提及 username_file 变量,都会得到对 myname.txt 文件的引用,并可以从中读取数据。

② 第 2 行将获取文件的原始内容,并将其读取到名为 username 的变量的字符串值中。事实上,它是将该文件转换为文本,并将其放入名为 username 的变量中。此后,在此程序中,每当提及名为 username 的变量,都将引用此文件的全部文本内容。在我们的例子中,文件内容是你存储在 myname.txt 文件中的姓名。

③ 第 3 行将在屏幕上打印"Hello",紧接其后的是你存储在文件中的姓名,在我的例子中为"Hello,Tanmay Bakshi"。

继续运行,你应该会看到以下内容:

```
Hello, Tanmay Bakshi
```

太好啦! 现在你已经学会了一种读取文件的方法,让我们看看如何写入文件,这同样非常简单,下面让我们创建一个可以将任意数字写入文件的应用程序。

## 8.3　如何在 Julia 中写文件

首先打开一个名为 Writer.jl 的新文件,然后输入以下代码:

```
1   print("What would you like me to write?")
2   user_input = readline()
3   user_filename = open("writer.txt", "w")
4   write(user_filename, user_input)
```

好了! 你已经创建了一个写文件的应用程序,你对前两行代码应该
很熟悉了,所以让我们讨论一下后两行代码。

① 第 3 行将打开一个名为 writer.txt 的新文件。但是我们为什么
要传递 w 参数呢? 这是因为 writer.txt 文件可能不存在,这里的 w 参数
会告诉 Julia“如果它不存在,则创建这个文件”。如果 writer.txt 文件不
存在,而且你不传递该参数,则应用程序就会崩溃。

② 第 4 行将变量 user_input 的内容写入名为 user_filename 的文
件中。

非常简单! 试一下吧! 假设你的输入是这样的:

What would you like me to write? This is a nice writer!

然后,如果打开 writer.txt 文件,你应该会看到:

This is a nice writer!

在学习了如何读取和写入文件的基础知识后,就可以开始创建一个
使用文件的应用程序了。

## 8.4　在 Julia 中创建凯撒密码

要想使用你学到的关于文件读写的新知识,就让我们一起来实现一个凯撒密码的程序吧。凯撒密码是以尤利乌斯·凯撒(Julius Caesar,罗马共和国的执政官和统治者,不是皇帝)的名字命名的。凯撒会用这个密码发送机密信息。

事实上,它是通过将每个字符上下移动一定的偏移量而工作的。让我来举个例子。假设有单词 abcde,你想将这个词作为消息发送给某人,但除了收件人之外,你不希望其他人理解这个消息。如果偏移量是 2,那么这个单词就会变成 cdefg,每个字符都会被设置为字母表中超前两个字母的字符,即

```
A → C
B → D
C → E
D → F
E → G
```

现在,如果你知道了偏移量,就可以将字符移动回去:

```
C → A
D → B
E → C
F → D
G → E
```

好了! 你现在就得到了原始消息!

为了更好地理解凯撒密码,请看下图。

原始字母及其索引:

| Letters | | a | b | c | d | e | f | g | h | i | j | k | l | m | n | o | p | q | r | s | t | u | v | w | x | y | z |
|---------|---|---|---|---|---|---|---|---|---|---|---|---|---|---|---|---|---|---|---|---|---|---|---|---|---|---|---|
| Indices | 1 | 2 | 3 | 4 | 5 | 6 | 7 | 8 | 9 | 10 | 11 | 12 | 13 | 14 | 15 | 16 | 17 | 18 | 19 | 20 | 21 | 22 | 23 | 24 | 25 | 26 | 27 |

偏移量为＋2 时的字母及其索引：

| Letters | y | z |  | a | b | c | d | e | f | g | h | i | j | k | l | m | n | o | p | q | r | s | t | u | v | w | x |
|---|---|---|---|---|---|---|---|---|---|---|---|---|---|---|---|---|---|---|---|---|---|---|---|---|---|---|---|
| Indices | 1 | 2 | 3 | 4 | 5 | 6 | 7 | 8 | 9 | 10 | 11 | 12 | 13 | 14 | 15 | 16 | 17 | 18 | 19 | 20 | 21 | 22 | 23 | 24 | 25 | 26 | 27 |

偏移量为－3 时的字母及其索引：

| Letters | c | d | e | f | g | h | i | j | k | l | m | n | o | p | q | r | s | t | u | v | w | x | y | z |  | a | b |
|---|---|---|---|---|---|---|---|---|---|---|---|---|---|---|---|---|---|---|---|---|---|---|---|---|---|---|---|
| Indices | 1 | 2 | 3 | 4 | 5 | 6 | 7 | 8 | 9 | 10 | 11 | 12 | 13 | 14 | 15 | 16 | 17 | 18 | 19 | 20 | 21 | 22 | 23 | 24 | 25 | 26 | 27 |

现在，让我们继续实现它。打开一个名为 caesar_cipher.jl 的 Julia 新文件，首先询问用户要使用的偏移量：

```
print("What offset would you like to shift by?")
offset = parse(Int64, readline())
```

然后，创建一个用户可以使用的字母数组。在本例中，我们只使用从 a 到 z 的小写英文字母，并使用空格作为间隔字符：

```
letters = [" "]
append!(letters, string.(collect('a':'z')))
```

接下来，读取一个名为 document.txt 的文件，并假设该文件包含用户想要加密的内容：

```
user_input = read(open("document.txt"), String)
```

现在，切分用户的输入，并使用内置的 string 函数将所有子串转换为字符串：

```
input_characters = string.(split(user_input, ""))
```

继续查找用户输入中每个字符的索引：

```
character_indices = map(x -> findfirst(y -> y == x, letters),
    ⇨  filtered_characters)
```

接下来，创建一个函数，以根据偏移量确定每个字符的新索引：

```
function determine_new_index(x)
    x += offset
    if x <= length(letters) && x >= 1
        return x
    end
    if x > length(letters)
        return x - length(letters)
    end
    if x < 1
        return x + length(letters)
    end
end
```

让我来逐行解释一下以上代码如何工作的：

```
x += offset
```

这一行对 x 加上用户指定的偏移量（字母的索引），但这不是最终值，这是因为没有考虑数组的边界。例如，如果是字符 z，它是数组中的第 27 个字符，加上偏移量 6，则会得到 x 的值为 33。但是该索引对应的元素并不存在！所以你需要重新包装这个值。类似地，如果该字符是一个空格，这是第一个字符，那么如果用户提供的偏移量为 -4，则可以得到索引 -3。当然，-3 作为数组的索引也并不存在，因此它需要绕回数组的另一边。此逻辑是由以下 if 语句处理的：

```
if x <= length(letters) && x >= 1
    return x
end
```

该代码块将检查索引是否有效，这意味着它会考虑数组边界，如果它小于或等于数组的长度（最大索引）且大于或等于 1（最小索引），则返回 x。

```
if x > length(letters)
    return x - length(letters)
```

```
end
```

　　该代码块检查 x 的值是否超过了数组的最大边界。如果是,则返回 x 和字母数组的长度之差。例如,如果 x 为 33 且字母数组有 27 个值,则新索引将为 6。你可以将其想象为从数组末尾绕回到数组开头的第 6 个元素的偏移量为 6。

```
if x < 1
    return x + length(letters)
end
```

　　此代码块检查 x 的值是否小于数组的最小边界。如果是,则返回 x 和字母数组的长度之和。例如,如果 x 为－3 且数组的长度为 27,则新索引为 24,其计算为 27－3。

　　就是这样,它可能看起来很复杂,但在 Julia 中,这些工作只需要两行代码:

```
index_validity(x) = (x <= length(letters) && x >= 1) ?
        ⇨   x : ((x > length(letters)) ?
        ⇨   x - length(letters) : ((x < 1) ?
        ⇨   x + length(letters) : 0))
determine_new_index(x) = index_validity(x + offset)
```

这看起来这是五行代码,但这仅仅是因为第一行要比页面的宽度长得多。

　　如果此代码令你感到困惑,请不要担心,你可以使用已经构建的更大的函数版本。

　　现在,让我们对 character_indices 数组的所有元素都调用 determine_new_index 函数:

```
character_indices = determine_new_index.(character_indices)
```

最后,让我们使用这些新索引获取新的字母列表,将它们合并成一个字

符串,然后将它们写入名为 encrypted_document.txt 的加密文件中:

```
new_characters = map(x -> letters[x], character_indices)
new_string = join(new_characters, "")
encrypted_file = open("encrypted_document.txt", "w")
write(encrypted_file, new_string)
```

你刚刚已经制作了一个凯撒密码。恭喜你! 现在,如果你创建了一个名为 document.txt 的新文件,请输入以下文本(不要使用大写字母、符号或标点符号):

```
this is an example text to see if the caesar cipher works correctly
```

然后运行该程序并使用偏移量 3:

```
What offset would you like to shift with? 3
```

你应该会在 encrypted_document.txt 文件中看到以下内容:

```
wklvclvcdqch dpsohcwh wcwrcvhhclicwkhcfdhvducflskhuczrunvcfruuh
fwoa
```

看起来很奇怪,对吧? 现在,请这样做:获取加密文本并将其移动到 document.txt 文件,看看是否可以逆转这个过程。

运行程序,要想从加密消息中恢复可读消息,请输入偏移量−3:

```
What offset would you like to shift with? -3
```

你应该会在 encrypted_document.txt 文件中看到以下内容:

```
this is an example text to see if the caesar cipher works correctly
```

太棒啦! 我们可以使用凯撒密码代码进行加密和解密了,你甚至可以用它向你的朋友发送秘密信息。下一章我们将进入下一个级别:利用软件包在应用程序中使用其他开发人员编写的代码。

## 强化练习

1. 以下代码有什么问题吗？

```
a = open("my_file.txt")
write("Hello!", a)
```

2. 修改凯撒密码应用程序，以包含一个更大的偏移量，如＋50 或
－82。

3. 修改在第 2 题中构建的应用程序，以包含键盘上的所有字符。

4. 为什么以下代码不能编译？

```
a = read(open("list_of_food.txt"))
println("This is your list of foodstuffs: $(a)")
```

5. 创建一个可以从包含朋友的名字和姓氏的文件中读取数据的程
序，并用互换的名字和姓氏写回朋友的名字。

# 第 9 章

## 机器如何学习

**欢**迎来到 Julia 编程语言学习之旅的最后一章。本章中，你将学习机器学习的相关知识。在本书中很难从头开始构建机器学习（machine learning，ML）应用程序，但我们将构建两个示例程序以展示如何使用计算机做一些自 20 世纪 40 年代以来不同的事情。

在本章中，你将学习：

- 机器学习的基本概念，机器相比于人类的能力什么；
- 机器学习的工作原理；
- 机器学习背后的微分入门；
- 使用 Flux 的自动微分法（automatic differentiation）训练一个简单的感知器（perceptron）。

机器学习技术使计算机能够在某种程度上"自己思考"，更真实地分析大量数据集中复杂的多维模式。我知道这句话的后一部分听起来有点复杂，但不必担心，我将会解释我们到底在做什么。

首先，让我们从机器学习技术的快速入门开始。

## 9.1 什么是机器学习

机器学习技术并不新鲜,甚至在现代计算被发明之前就已经是一个研究领域了,然而直到最近,研究人员才开始重视这一领域。具体来说,2012 年,来自加拿大多伦多的研究员杰弗里·辛顿(Geoffrey Hinton)在机器学习技术方面取得了突破:他发明了神经网络!

在我们了解神经网络、机器学习等概念之前,让我们先关注一下你很熟悉的东西:你自己。让我们试着了解一下人类究竟擅长什么。

要做到这一点,我们需要回到生命的源点。生命大约起源于 35 亿年前,当时一些分子能够利用它们周围的资源,通过随机包含的编码指令不断创建自己的副本。经过非常缓慢的自然选择的过程,最终进化成简单的原核细胞(prokaryote cell)。这些原核生物进化成三个主要的生命领域:细菌(bacteria)、原始真核生物(primitive eukaryotes)和古菌(archaea)。在细菌和真核生物之间经过一次巧合的混合之后,现代真核生物诞生了。凭借线粒体的力量,这些细胞具有了进化成植物和动物的能力。

当这些动物慢慢变得越来越复杂时,它们需要一些机制超越它们的竞争对手。慢慢地,生命形式进化出一些感官,比如简单的光感知、嗅觉、触觉等。但是,当动物在收集这些数据时,还需要在一个专门进行"思考"的地方处理这些数据,从而在感官提供的所有数据中找到模式,并告诉身体该做什么。

大脑变得越来越复杂,随着恐龙的灭绝,哺乳动物开始主宰世界,尤其是人类!现代人类是特殊的,不仅因为人类很聪明,也因为人类有某种智能的能力,而其他动物却不具备这种能力。人类可以问问题,可以感知事物,可以质疑自己的存在,甚至可以问自己"为什么要问问题"。

生命进化出来的一切几乎都源于其必要性。如果一个环境中缺水，那么仙人掌就会进化出在下雨时将水储存起来的功能。在图 9.1 中，澳大利亚的希利尔湖（Lake Hillier）呈泡泡糖一般的粉红色，这是因为它的咸度太高了，只有一种特殊的细菌才能在那里生活，而这些细菌恰好是粉红色的。

图 9.1　希利尔湖，在澳大利亚也被称为"粉红湖"

人类出于需要而进化出了智力，但这个过程并不是那么简单。

现在让我们回到技术领域。当我们使用技术时，我们期望在与他人交流时获得相同程度的直觉感受，这是因为计算机技术已经取得了长足发展，现在它们可以播放彩色视频，可以帮助我们写文档，还可以找到从 A 点到 B 点的最快路径，即使不是最短的路径。

然而，人类大脑处理信息的方式和计算机处理信息的方式有一个根本区别：人类大脑是有机的，而计算机完全是人工的。可以这样来想：如果我们保存一块含有细菌的岩石，并把它送给几千光年外的外星人，那么他们很有可能意识到这块岩石含有有机物质，这是另一颗星球的生命形式。然而，如果我们把一台计算机发送给外星人，那么他们是否能理解这是什么呢？外星人的数学符号与我们的完全不同，也许他们还没有发现微分这样的概念,总之,外星人的数学系统一定与我们的完全不同。

简单地说,当你用数学符号记下一些东西时,这些"信息"在宇宙中并不存在。当你预测超新星释放的能量时,你并没有真正地把这些能量放入宇宙中。然而,它们背后的数学原理却使人类的大脑能够正确地看待这些数字并理解它的意思。

因此,我们可以理解,计算机不仅局限于我们可以用电来做的事情,而且它也局限于我们今天所知道的数学规则。所以,虽然计算机有时可能看起来很"智能"或"真实",但它们并不是真实的。计算机只是非常强大的计算器,其运行着由全球的工程师精心编写并完善了数十年的几百万行代码,以提供这种真实和易于使用的感受。

由于这种区别,计算机并不像我们所想的那样容易使用,它们不能理解图像的内容,不能理解某人在说什么,也无法理解自然语言。但有了机器学习,这一切都将发生改变!

## 9.2　机器学习如何工作

通过机器学习,研究人员可以构造算法,使计算机自身能够在大量的数据中找到数学模式,而这是人类不可能做到的。想想看:如果我问你,你怎么知道一张照片中的动物是猫还是狗,你会怎么说?你可能会看看动物的胡须、脸形和耳朵。但是,你要如何从数学模式上判断这个动物是否有胡须呢?你能写出一个数学公式获取图像的像素值,并将其转换为动物物种的分类器吗?

当然不能,因为人类几乎不可能这样做,我们以前尝试过。事实上,有一个叫作特征工程(feature engineering)的研究领域,但对于稍微复杂的任务,它完成得从来都不理想。

这就是机器学习存在的原因,它可以使计算机为我们找到这些数学公式。

就像人类从经验中学习一样,机器学习算法也是如此。你可以在一个数据集上"训练"一个机器学习算法,它将尝试"建模"该数据集,并理解从输入到输出映射的数据集中的复杂性和模式。但是,训练人类和训练机器有一个关键区别:人类可以从少数几个样本中学习,但是机器却需要从成百上千,甚至数百万个样本中学习。

如果你要向那些从来没见过吹雪机和割草机的人口头描述它们的区别,他们一定能很好地区分它们。但是,如果你希望计算机将图像分为这两类,那么你至少需要提供数百个视觉样本,才能得到可接受的结果。

此外,训练这些算法需要很强大的计算能力,而 Julia 恰好比较擅长这件事。

## 9.3 使用 Flux 的样式传递

Julia 提供了一个叫作 Flux 的包,它可以帮助你解决许多问题!Flux 包的一部分被称为 Metalhead project,它可以使你在计算机上使用预先训练过的机器学习算法,而不必自己训练它们。让我们来看一个例子。

首先,请打开 REPL 并添加以下软件包:

① Flux

② Metalhead

③ Images

④ PyCall

以下是使用的命令:

```
using Pkg
Pkg.add("Flux")
Pkg.add("Metalhead")
Pkg.add("Images")
Pkg.add("PyCall")
```

现在,打开一个新的 Julia 文件,并输入以下代码:

```
Code Listing 9.1, ImageClassifier.jl
using Metalhead: VGG19, preprocess, load, labels
using Flux: onecold

model = VGG19()
class_labels = labels(model)

print("Enter the name of your file: ")
user_image = preprocess(load(readline()))
model_prediction = model(user_image)
top_class = onecold(model_prediction)[1]
class_name = labels[top_class]

println("I think this image contains: $(class_name)")
```

从数学和机器学习的角度来看,这是比较简单的工作,但因为你对此还比较陌生,所以我不会深入讲解模型本身的工作原理。然而,Julia 代码非常简单,你应该可以理解此文件中的大部分代码。这就是 Julia 和 Flux 的优雅之处,你不需要编写非常复杂的代码以使用机器学习模型。

现在你可以拍一些照片,可以是你的宠物、电脑、电视或你自己,或者你可以从网上下载一张照片,将它们放在与你刚刚编写的 Julia 代码文件相同的目录中,然后运行该代码。

当你第一次运行该代码时,它将会从网上下载名为 VGG19 的机器学习模型(VGG19 表示 Oxford Visual Geometry Group's 19-layer model)。根据你的网络环境,这可能需要几分钟的时间。

然而,无论你运行了多少次代码,它都会继续初始化模型。一旦模型加载后,你将看到一个请求图像文件的提示。输入文件的名称和扩展名,然后按 Enter 键。几秒后,代码应该会输出它在图像中看到的内容。例如,假设有一张如图 9.2 所示的称为 cat.jpg 的图像。

图 9.2　测试图像分类器程序的猫图像

这是我与程序之间的交互:

```
Enter the name of your file: cat.jpg
I think this image contains: Egyptian cat
```

结果非常接近,应用程序在图像中看到一只 Egyptian cat。这真的很棒,但这并不是什么新鲜事,这种技术已经存在很多年了,如果你使用 Apple Photos 或 Google Photos,你的图像会被自动分类。事实上,这些平台甚至可以自动进行面部识别,使你的生活更便捷。

那么如何用机器学习生成一些艺术作品呢?我们将使用一种称为梯度上升(gradient ascent)的技术生成 DeepDream 艺术作品。你可能还记得几年前的 DeepDream,当时 Google 的研究人员可视化了"神经网络的激活"。我知道这听起来很复杂,在大多数语言中,即使是实现算法的一个简单版本也需要相当多的代码。

　　但在 Julia 中，这几乎是微不足道的。下面让我们实现一个可以获取图像并对其添加"艺术风格"的应用程序。打开一个新文件，输入以下代码：

```julia
Code Listing 9.2 DeepDream.jl
using Metalhead: VGG19, preprocess, load
using Flux: @epochs
using Statistics, PyCall, Flux.Tracker
using Images: RGB

np = pyimport("numpy")
Image = pyimport("PIL.Image")

function deprocess_and_pillow(img)
μ, σ = ([0.485, 0.456, 0.406], [0.229, 0.224, 0.225])
rgb = cat(collect(map(x -> (img[:, :, x, 1] .* σ[x]) .+
                 ⇨  μ[x], 1:3))..., dims=3)
rgb = np.uint8(np.interp(np.clip(rgb ./ 255, -1, 1),
                 ⇨  (-1, 1), (0, 255)))
    return
Image.fromarray(rgb).transpose(Image.FLIP_LEFT_RIGHT).
                 ⇨  rotate(90)
end

model = VGG19().layers[1:11]
loss(x) = mean(model(x))
dloss(x) = Tracker.gradient(loss, x)[1]
function calc_gradient(x)
    g = Tracker.data(dloss(x))
    return g * (mean(1.5 ./ abs.(g)) + 1e-7)
end

print("Enter the name of your file: ")
img = preprocess(load(readline()))

@epochs 20 global img += calc_gradient(img)
deprocess_and_pillow(img).show()
```

在本例中,我不会深入讲解这段代码的工作原理,关键是让你看到使用 Julia 能够做些什么。

> 更多需要了解的内容:
>
> 从本质上说,这不是训练一个神经网络的权重,而是通过一个损失函数(loss function)找到对权重的梯度,我们通过使用一个可以使卷积神经网络中某层滤波器的均值最大化的函数找到了相对于输入的梯度。

现在,如果你再次运行该应用程序,它将加载该模型并请求你输入一个文件。这次我输入了一张自己的图像(见图 9.3)。

图 9.3　输入 **DeepDream.jl** 的图片

我得到了如图 9.4 所示的输出。

图 9.4　**DeepDream.jl** 生成的第一张艺术作品

哇！这是一张很棒的艺术作品。如果你将第 23 行代码

```
model = VGG19().layers[1:11]
```

改为

```
model = VGG19().layers[1:end-10]
```

你应该会得到一张令人毛骨悚然的艺术作品（见图 9.5）。

图 9.5　DeepDream.jl 生成的第二张艺术作品

好吧，这也太奇怪了。让我们将第 23 行代码更改为

```
model = VGG19().layers[1:7]
```

现在，你应该会看到图 9.6 中的图像。

图 9.6　DeepDream.jl 生成的第三张艺术作品

很好！关于这种艺术作品还有一些需要讲解的地方：它不是计算机在画布上的基本图像上随机画出来的，事实上，该系统是在世界上最大的图像数据集上进行训练的，它包含超过 1000 个类别的 100 多万张图像。所以，如果你仔细观察，你可能会发现动物或其他类似于图像中描绘的物体的一些特征。例如，在生成的第二张图像中，你可能会在我的眼睛和嘴巴周围看到一些类似狗或其他动物的特征，这是因为在生成本艺术作品之前，这个系统的数据集中有很多动物。

你刚刚实现的一切都是由机器学习技术支持的，并且通过 Julia 的语法、函数和编译器使其变得非常简单。

## 9.4  机器学习背后的微分入门

为了理解更深层次的原理，让我们再来讨论一下最简单的神经网络——感知器（perceptron）。感知器是由 Frank Rosenblatt 在 1957 年发明的，要想理解它，请参考图 9.7。

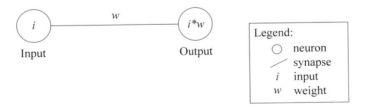

图 9.7  感知器概念表示

图 9.7 中有两个圆，一个在左边，另一个在右边，有一条线连接着这两个圆。如果你把它映射到生物学术语上，可以将圆看作神经元（neurons），而这条线将是一个突触（synapse）。这条线有一个叫作权重（weight）的值，它描述了两个神经元之间连线的重要程度。

简言之,神经元是一种特殊的细胞,是人类神经系统中可以携带信号的一个基本单元。突触是两个神经元之间的连接。

左边的神经元称为输入神经元。你不需要计算它的值,而是为它提供一个值,假设我们给了它一个 0.2 的值。右边的神经元称为输出神经元,它的值取决于与它相连的神经元的值。在本例中,只有一个神经元连接到输出神经元,输出神经元的值是输入神经元的值和突触的值的乘积。

换言之,你将每个输入神经元乘以其各自的权重,并将这些乘积相加在一起,就可以得到输出神经元的值。假设权重的值为 0.4,现在让我们根据输入 $i$ 和权重 $w$ 计算输出神经元 $o$ 的值:

$$o = i \times w$$

就是这样!现在让我们代入值并查看结果:

$$o = 0.2 \times 0.4$$
$$o = 0.08$$

现在我们得到了一个输出值。但是一个神经网络并没有这么简单,除非你可以训练它提供你想要的输出。在本例中,假设我们希望神经网络做一个简单的任务:对提供的输入取负。所以,在这个例子中,我们想得到输出 $-0.2$,但我们却得到了 0.08。

下表给出了变量最初的简化视图。

| 迭代次数 | 输入 | 当前权重 | 当前输出 | 期望输出 | 与期望之间的偏差 |
|---|---|---|---|---|---|
| 最初 | 0.2 | 0.4 | 0.08 | $-0.2$ | 0.28 |

为了获得更好的输出,我们需要改变权重的值,以更接近预期的结果。那么我们该怎么做呢?我们需要用到一些微分的知识。别担心,你不需要知道任何高级的微分知识。

在我们弄清楚新的权重应该是什么之前,我们需要首先看看神经网络距离预期输出有多少偏差,这被称为损失函数或误差函数。在本例

中,我们取期望输出和神经网络输出之间的平方差,假设预期输出 $z$ 为

$$\text{loss}(i,w,z)=(z-(i\times w))^2$$

让我们来计算一下损失:

$$\text{loss}(0.2,0.4,-0.2)=(-0.2-(0.2\times 0.4))^2$$
$$\text{loss}(0.2,0.4,-0.2)=0.0784$$

这就是说,神经网络的"不正确性"是 0.0784。但这是如何帮助我们计算新权重的呢? 答案是通过计算损失函数的导数,我们有了一个新的函数,它可以告诉我们如何更新权重以更接近期望的输出。你不需要担心该函数是如何工作的,你只需要知道

$$\frac{\text{d}}{\text{d}w}\text{loss}(i,w,z)=2\times i\times(i\times w-z)$$

是损失函数对权重的导数,我们继续来计算一下。

$$\frac{\text{d}}{\text{d}w}\text{loss}(0.2,0.4,-0.2)=2\times 0.2\times(0.2\times 0.4-(-0.2))$$

计算结果如下:

$$\frac{\text{d}}{\text{d}w}\text{loss}(0.2,0.4,-0.2)=0.112$$

现在我们得到了损失函数的导数值。我们应该如何使用它更新权重呢?

在这里,你需要明白一些事情:你不能只更新权重,你必须通过一定的量调整权重,这被称为学习率(learning rate)。就像人类一样,如果学习率太高(一个学得太快的人),神经网络根本就不会学到很多内容;如果学习率太低,神经网络则需要太长时间进行学习。所以你需要一个很合适的学习率。在本例中,我们使用 0.1 的学习率:

$$w=w-(0.112\times 0.1)$$

计算结果如下:

$$w=0.3888$$

好吧! 让我们尝试用神经网络进行预测:

$$o = i \times w$$
$$o = 0.2 \times 0.3888$$
$$o = 0.07776$$

哇,我们比之前更接近期望输出了。我们想要的输出是 $-0.2$,但我们得到的输出是 $0.08$,我们的输出值 $0.08$ 距离 $-0.2$ 为 $0.28$。然而,在我们通过微分运算进行处理后,我们得到的输出为 $0.07776$。现在,这个新输出 $0.07776$ 距离 $-0.2$ 是 $0.27776$。

下表给出了一次迭代后系统如何学得比以前更好的简化视图。

| 迭代次数 | 输入 | 当前权重 | 当前输出 | 期望输出 | 与期望之间的偏差 |
|---|---|---|---|---|---|
| 最初 | 0.2 | 0.4 | 0.08 | $-0.2$ | 0.28 |
| 1 | 0.2 | 0.3888 | 0.07776 | $-0.2$ | 0.27776 |

从另一个角度来看,让我们再次计算损失:
$$\mathrm{loss}(0.2, 0.3888, -0.2) = (-0.2 - (0.2 \times 0.3888))^2$$
$$\mathrm{loss}(0.2, 0.3888, -0.2) = 0.0771506176$$

我们从 $0.078$ 降到了 $0.077$。现在,如果我们继续重复这个过程,我们应该会得到一个可接受的值。对于更大的数据集,我们可能需要重复成千上万次才能获得较好的结果。

此外,你只是根据一个训练样本计算了一个新的权重值。数据并不是很多,神经网络需要更多的数据进行学习。如果你想用更多的样本进行训练,那么一种方法就是对多个训练样本的损失进行平均。

## 9.5　使用 Flux 的自动微分训练一个简单的感知器

让我们用 Julia 实现同样的示例。首先,请导入 Statistics 和 Flux. Tracker:

```
using Statistics
using Flux.Tracker
```

然后定义神经网络的输入、期望输出和权重：

```
inputs = [0.2, -0.3, 0.5, 1, -0.9]
outputs = [-0.2, 0.3, -0.5, -1, 0.9]
weight = 0.4
```

现在创建一个函数进行预测：

```
predict(inputs, weight) = inputs .* weight
```

接下来定义损失函数：

```
loss(inputs, outputs, weight) = mean((outputs - (inputs .*
                                ⇨ weight)) .^ 2)
```

最后定义损失函数的导数：

```
dloss(inputs, outputs, weight) = Tracker.data(Tracker .gradient(
    ⇨ loss, inputs, outputs, weight)[3])
```

Flux ML 库提供了一个名为自动微分（automatic differentiation）的功能，你不需要知道它是如何工作的，但它可以让我们自动计算几乎所有函数的导数。

更多需要了解的内容：

自动微分假设有一个函数，无论其多么复杂，它都是由一些简单的操作组成的，如加、减、乘、除、指数等。通过利用链规则和跟踪整个函数执行过程中应用于变量的操作，Flux 可以使用反向模式（reverse-mode）自动计算函数在某一点的导数。

现在，让我们继续创建一个训练循环：

```
for i in 1:100
    println("Current prediction: $(predict(inputs, weight))")
    println("Current loss: $(loss(inputs, outputs, weight))")
    println("Current weight: $(weight)")
    d = dloss(inputs, outputs, weight)
    global weight -= d * 0.1
end
```

如果运行以上代码，你应该会看到权重慢慢地向负值移动，这是有意义的。我们正试图生成一个神经网络，并对它的输入取负，这实际上意味着对其乘以－1。

下表给出了一个简化的视图，说明在经过十次迭代后是如何调整权重以提供非常接近预期值的输出的。

| 迭代次数 | 输入 | 当前权重 | 当前输出 | 期望输出 | 与期望之间的偏差 |
|---|---|---|---|---|---|
| 最初 | 0.2 | 0.4 | 0.08 | －0.2 | 0.28 |
| 1 | 0.2 | 0.3888 | 0.07776 | －0.2 | 0.27776 |
| ⋮ | ⋮ | ⋮ | ⋮ | ⋮ | ⋮ |
| $n$ | 0.2 | －0.999978 | －0.1999956 | －0.2 | 0.0000044 |

上表最后一行的迭代次数的范围可以是从几万到几十万，这取决于系统的复杂程度，包括任务有多复杂、模型有多简单以及需要训练多少数据。在我们的示例中，我们只需要使一个输入数为负，大约 200 次迭代就足够了。

你可以参考以下代码修改数字符号。

**Code Listing 9.3 negator.jl**
```
using Statistics
using Flux.Tracker
inputs = [0.2, -0.3, 0.5, 1, -0.9]
outputs = [-0.2, 0.3, -0.5, -1, 0.9]
weight = 0.4
predict(inputs, weight) = inputs .* weight
```

```
loss(inputs, outputs, weight) = mean((outputs - (inputs .*
                     ⇨  weight)) .^ 2)
dloss(inputs, outputs, weight) = Tracker.data(Tracker.gradient (
                     ⇨  loss, inputs, outputs, weight)[3])
for i in 1:1000
    println(i)
    println("Current prediction: $(predict(inputs, weight))")
    println("Current loss: $(loss(inputs, outputs, weight))")
    println("Current weight: $(weight)")
    println("")
    d = dloss(inputs, outputs, weight)
    global weight -= d * 0.1
end
```

你刚刚构建的是一个非常简单的感知器,它基于样本并使用简单的微分进行学习。这些基础知识是深度学习中的基石,包括你之前看到的 DeepDream 艺术作品。

如你所见,机器学习是一组强大的数学算法,神经网络处于这项新技术的前沿。我迫不及待地想看看你用 Julia 能做什么。

---

## 强化练习

1. 机器学习技术是什么?

2. 为什么人类被认为是"智能"的?

3. 什么是感知器?

4. 计算感知器输出值的公式是什么?

5. 谁在什么时候发明了感知器(在机器学习领域)?